중독되는 매운맛 90

런윈리 엮음 · 이영주 옮김

그린라이프

contents

PART 01 *Cooking*

IN THE KITCHEN | 매운맛의 주방

20 CLASSIC CHINESE SPICY DISHES | 20가지 중국의 매운 음식

THICK CHILLI SAUCE | 매운맛 그리고 소스

HOT BARBECUE | 매운 바비큐

NEW WAY TO SPICY | 더 화끈하게 즐기는 전략

HOT COCKTAILS | 열정의 칵테일

ICE AND FIRE | 얼음, 그리고 불

EASY WEEKEND | 파티, 그리고 매운맛의 반란

ENJOY THE ORGANIC SEASONING | 천연 조미료로 입맛 되살리기

PART 02 *Column*

맵고 얼얼한 글 | 런윈리

매운맛은 다섯 가지 맛 가운데 가장 극단적인 맛이다. 좋아하지 않는 사람은 감히 두려워서 범접하지 못하고, 좋아하는 사람은 하루도 빠짐없이 찾는다. 나는 베이징에서 태어나고 자라 어렸을 때는 매운맛을 접하지 못했다. 노점에서 일찌감치 매운 음식을 팔기는 했지만, 베이징 태생 아이들에게는 전혀 상관없는 일이었다. 게다가 우리 집에 '매운 음식은 꼭 먹어줘야 한다'는 분위기가 있는 것도 아니었다. 그 덕분에 음식을 볶을 때 나오는 기름 연기에 자극적인 매운 향이 섞여 있어 눈과 코가 괴로울 일은 없었다. 그보다는 방과 후 집으로 이어지는 건물 복도에 들어섰을 때, 닭과 고기 삶는 냄새가 코로 훅 밀려들어 오면, 혹시 우리 집에서 나는 음식 냄새는 아닐까 가늠해보곤 했다. 그러면 집으로 향하는 발걸음이 한결 빨라졌다.

이웃 중에 남쪽 지역에서 이사 온 젊은 부부가 있었다. 이분들은 베이징 토박이들 사이에서 유난히도 튀었다. 나는 그 댁 안주인을 좋아했다. 희고 맑은 피부와 하늘하늘한 몸매의 아주머니는 언제나 작은 꽃무늬의 긴 잠옷 치마를 입고 통로에 놓인 작은 화로에서 무언가를 볶으며 음식을 만들었다. 마른 것은 고추 조각이요, 촉촉한 것은 고추장이고, 작고 고운 입자는 고춧가루였다. 이것들을 볶을 때면 어마어마한 일들이 일어났다. 마치 영화 속에서나 볼 법한 특수효과처럼 연기가 자욱하게 피어올랐다. 아주머니는 나와 마주칠 때마다 항상 불러 세우며, "샤오리야, 우리 집 와서 밥 먹으렴!" 하고 다정히 말을 걸어왔다. 하지만 나는 고개를 푹 숙인 채 그 말을 외면했고, 숨을 참고 눈을 질끈 감고는 쏜살같이 그 자리에서 도망쳐 집으로 돌아왔다. 집에 돌아와서는 서둘러 문부터 단단히 걸어 잠그고는 가쁘게 숨을 몰아쉬었다. 나는 부모님께 잠옷 아주머니네는 왜 그렇게 매운 음식을 먹느냐고 물어보기도 했었다. 그러자 부모님께서는 그 이유를 설명해주셨다. 어떤 사람은 음식이 안 매우면 싫어하고, 또 어떤 사람은 음식이 달지 않으면 안 먹으려 드는데, 그게 다 생활 방식과 지역적인 차이라는 것이었다. 태어나서 처음으로 식습관과 미각과의 관계에 관심을 지니게 된 사건이었다. 당시 사람들은 마음이 넉넉하고 인심이 좋았다. 그래서 같은 건물에 사는 사람들끼리는 서로 대문도 열어놓고 살았고, 그러면 아이들은 이집 저집을 제집 드나들듯 다녔다.

나도 식사 시간만 아니면 잠옷 아주머니댁에 자주 놀러갔다. 그때마다 그분은 나를 품에 안고 그림책을 읽어주셨다. 슬쩍 그분의 희고 고운 목덜미를 바라본 적이 있는데 이슬방울 같은 땀방울이 송골송골 맺혀 있었다. 그때 '펄쩍 뛰게 이상한 음식만 안 드셨어도 훨씬 좋을 텐데!' 하는 아쉬운 마음이 들었다.

시간이 흘러 소녀가 된 나는 매운 음식을 먹을 수 있게 되었고, 나도 모르게 '자고로 음식이란 맵지 않으면 안 된다'는 생각마저 지니게 되었다. 그리고 그때는 인생에서의 첫 부침과 시련을 경험하고 있던 시기였다. 매운맛은 그 자체만으로도 강렬하여서 어떤 사람은 아예 가까이하지 않으려 하고, 또 어떤 사람은 무조건 그것만 찾는다. 매운맛 앞에서는 중도라는 게 없기 때문이다. 어른이 되어서는 짜고, 시고, 쓰고, 단 맛을 차근차근 음미해나가기 시작했지만, 그래도 이들 맛은 기운을 북돋는 데는 무언가 부족한 느낌이었다. 그래서 마치 '뜬금없이 사랑에 빠진' 사람처럼 친구들과 함께 유명 블로거가 추천하는 매운 음식 전문점을 열심히 찾아다녔다. 몇 해 동안 이렇게 매운 음식만 탐내다 보니, 매운 음식 때문에 속이 아파 벽을 짚고 지탱한다거나, 목구멍이 부어올라 질식할 것 같다거나 하는 경험도 여러 번 했다. 그런데도 마음속에서는 '이거 정말 자극적인데!'라는 감탄사가 절로 터져 나왔다. 하지만 다른 한편으로는 '내가 왜 이런 짓을 하고 다니는 거지?'라는 의문도 들었다. 이런 생각을 하다 보니 저절로 어린 시절 이웃에 살던 잠옷 아주머니가 떠올랐다. 이미 노년이 되었을 그분은 진즉에 옛집에서 이사해 어디에 살고 있는지 알지 못한다. 하지만 기억 속에서 희미하게 그분이 울고 있던 모습이 떠올랐다. 식탁 앞에서 조용히 눈물을 흘리며 하염없이 슬퍼하고 있었는데, 식탁에는 언제 올렸는지 모를 음식들이 있었다. 불그죽죽한 고추기름이 차갑게 식은 고기와 죽순에 가득 배어들어 있었다. 그런데 그 맞은편에 자리 잡고 있어야 할 남편분이 보이지 않았다. 그리고 그 후로는 그와 같은 광경을 다시는 보지 못했다. 불같이 매운맛에는 뜻밖에 부드럽게 속삭이게 하는 성질이 있다. 그래서 아무리 더 강한 매운맛을 찾아다녀도 시고, 달고, 쓰고, 짠 인생의 다양한 맛까지는 감추지 못했었나 보다.

지금의 나는 매운맛을 다섯 가지 맛 중 다른 맛들, 즉 신맛, 단맛, 쓴맛, 짠맛과 같게 대하고 있다. 다시 말해 꺼려서 아예 안 먹는 것도 아니며, 지나치게 맵게 먹지도 않으며, 적당히 가볍게 즐기는 정도로만 먹고 있다. 우리가 맛을 체험할 때 혀의 감각세포를 거쳐 받아들이는 자극은 표층적인 것에 불과하다. 맛 체험을 통해 진정 도달해야 하는 목표는 삶에 잔잔한 물결을 일게 하거나, 살그머니 영혼을 자극하는 데 있기 때문이다. 그래서 나는 맛이란 단순히 혀에 있는 맛봉오리를 통해 느끼는 감각이라고 생각하지 않은 지 오래되었다. 쾌감과 화끈함을 받아들이는 것처럼, 매운 것으로 유발되는 질식이나 눈물도 받아들이는 정도가 된 것이다. 이처럼 매운맛이 더는 감각기관에서 느끼는 자극이 아닌, 다섯 가지 맛 가운데 마지막 맛이 되어 삶과 정서 곳곳에 스며들자, 내가 감각기관을 성장시키는 데 열중하는 청년기를 뛰어넘었음을, 그리고 영혼을 구축해나가는 중년기로 접어들었음을 깨닫게 되었다.

내가 하나의 맛을 받아들이기까지 겪은 과정을 보면, 완벽히 거부했다가 받아들이기 시작했고, 차츰 이해하기 시작했다가 대단히 좋아하게 되었고, 중독 수준이 되었다가 적당히 즐기게 되었다. 우리가 명확히 의식하지 못할 뿐이지 실제로는 다른 사람들과 어우러지면서 경험하는 변화의 과정을 모두 매운맛을 통해 겪었다. 현재 나는 매운맛과 관련된 일을 하고 있다. 따라서 매운맛을 찾아가는 여정을 멈추지 않을 것이다. 이는 모두 내 삶이 원해서이며, 내가 사랑하는 것을 향한 갈망을 멈출 수 없기 때문이다.

* 新浪微薄@任芸丽(신랑웨이보@런윈리)에서 더 많은 글과 음식 사진을 감상할 수 있습니다.

요리 편

———

PART 01

Cooking

———

고춧가루

타바스코소스

와사비 페이스트

셜롯

겨자유

흑후추

매운맛의 주방 ①

향신채 & 소스

주방에서 음식 맛을 돋워주는 것에는 무엇이 있을까?
그것은 바로 매운맛을 내는 향신채와 소스이다.

- **고춧가루** 마른 고추를 분쇄해 가루 형태로 만든 것이다. 작은
  알갱이에서 분말 크기까지, 용도에 따라 분쇄 정도를 달리할 수
  있다. 굵은 고춧가루를 사용하면 향을 증대시킬 수 있고, 고운
  고춧가루로는 맵기를 조절할 수 있다.

- **타바스코소스** 미국식 고추 소스이며, 고추와 식초로 만들었다.
  고추 본연의 맛은 많이 희석된 상태로, 톡 쏘는 매운맛이 도드라
  지는 가운데 살짝 시큼한 맛이 돈다. 서양식 스테이크나 간식용
  음식과 맛이 잘 어울린다.

- **시판 와사비 페이스트** 시판하는 와사비 페이스트는 겨자분과
  조미료 등으로 만든 것으로 일본에서 와사비Wasabi라고 불리는
  채소인 고추냉이와 같은 종류가 아니다. 고추냉이의 맛을 모방
  한 조미료 정도로 생각하면 된다. 일식에서 흔히 사용하며, 맵고
  자극적이면서 청량감을 주는 맛이다.

- **셜롯** 작은 양파처럼 생겨서 미니 양파로 불린다. 날로 먹으면
  매운맛과 동시에 양파 맛이 강하게 나지만 가열하면 양파 향만
  남고 매운맛은 사라진다.

총알 고추

산초

마늘

생강

- **겨자유** 겨자 씨앗에서 추출한 기름 성분이며, 겨자의 매콤한 맛을 지니고 있다. 중국식 냉채와 유난히 맛이 잘 어울린다.

- **흑후추** 고추의 화끈한 매운맛과는 조금 다른 형태의 매운맛을 지니고 있다. 매운맛 외에도 불에 그슬린 듯한 향미가 있으며, 몸을 따뜻하게 만드는 작용을 한다.

- **총알 고추** 총알子彈頭 쯔단터우 모양으로 생겨서 총알 고추子彈頭辣椒 쯔단터우라쟈오라고 불린다. 아주 맵지는 않지만 향이 묵직하며, 여러 쓰촨 요리에 이 고추를 쓴다.

- **산초** 딱 잘라 말하자면, 산초는 절대 맵지 않다. 대신 혀의 감각을 마비시키는 기능이 있으며, 향이 매우 진하다.

- **마늘** 마늘도 진한 매운맛을 지니고 있다. 그런데 마늘의 매운맛은 입만 얼얼하게 만들 뿐 위장의 통증을 불러일으키지는 않는 듯하다.

- **생강** 입에 넣으면 매운맛이 느껴지며, 몸에 열을 높여주는 작용이 있다. 숙취 해소에도 도움을 준다.

매운맛의 주방 ②

다양한 고추

매운맛 하면, 무엇보다 가장 먼저 각종 고추가 떠오를 것이다.
매운맛만큼이나 다양한 고추의 세계!

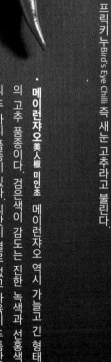

- **덩롱쟈오** 燈籠椒 등롱초 초롱저럼 생겨서 붙여진 이름이다. 새로운 품종이며 다양한 색상이 있다. 달콤하며 전혀 맵지 않지만, 외형만큼은 대단히 매운 멕시코 고추와 닮았다.

- **샤오미라** 小米辣 쥐똥 고추 매운맛이 비교적 강한 품종으로 푸른색의 풋고추와 홍고추를 주로 볼 수 있다. 고추 씨앗이 비교적 많으며 과육이 얇다. 동남아시아 지역에서는 프릭키누Bird's Eye Chili 즉 새눈 고추라고 불린다.

- **메이런쟈오** 美人椒 미인초 메이런쟈오 역시 가늘고 긴 형태의 고추 품종이다. 검은색이 감도는 진한 녹색과 선홍색의 두 가지 품종이 있다. 씨앗이 별로 없고 과육이 두툼한 편이며, 매운맛은 중간 정도.

- **센쟈오** 線椒 선초와 **얼징탸오** 二荊條 이형조 센쟈오는 선처럼 가늘고 긴 고추란 뜻이다. 풋고추일 때는 매운맛이 강하지 않지만, 붉게 익으면 매운맛이 강해진다. 붉은색의 센쟈오를 얼징탸오라고도 부른다. 고추를 잘게 썰어 만든 고추지인 뒤쟈오剁椒와 함께 두반장豆瓣醬 더우반에서 매운맛을 내는 중요한 재료다.

• 항쟈오杭椒 항초 예전에 먹었던 항쟈오는 전혀 맵지 않았다. 개운하고 단맛이 돌아 굽거나 튀겨 먹기에 적합했다. 하지만 지금 시중에서 볼 수 있는 신품종의 항쟈오는 과거보다 조금 더 커졌으며 약간 매운맛이 돈다.

• 윈난저우피쟈오雲南皺皮椒 윈난 추피초 외피가 이리저리 뒤틀리고 주름진 모양의 고추다. 윤기가 돌아 한눈에 보기에도 싱싱해 보인다. 껍질이 비교적 얇은 편이며, 상쾌한 향이 감돌면서 꽤 맵지만, 그렇다고 해서 대단히 맵지는 않다.

• 차오톈쟈오朝天椒 하늘 고추 '차오톈'이란 '하늘을 향해 자란다'는 의미로 고추 끝이 하늘을 향한 채로 자란다. (우리나라에서는 화초고추, 꽃 고추 등으로도 불린다―역자). 샤오미라와 매우 비슷하게 생겼는데, 차오톈쟈오가 약간 더 큰 편이며 맵기는 비슷하거나 샤오미라가 좀더 맵다. 음식을 만들 때 서로 대체할 수 있다.

• 다졘쟈오大尖椒 대첨초 글자 그대로 크기가 크고 끝이 뾰족한 고추로, 붉은색과 녹색의 졘쟈오는 음식을 만들 때 좋은 재료가 된다. 매운맛은 중간 정도(아삭이 고추 정도의 크기에 살짝 더 맵다고 생각하면 될 것 같다―역자)이며, 샤오쟈오레이체쯔燒椒擂茄子불에 그슬린 고추와 각종 향신료를 절구에 찧어 익힌 가지와 함께 버무린 음식―역자)나 후피졘쟈오虎皮尖椒꼬지를 만들 때 사용할 수 있다.

매운맛의 주방 ③

고추 이야기 글 | 치쯔덩화

어느 날 멍하니 걷다가 갑자기 '고추가 명나라 때 중국에 들어왔다는데, 그렇다면 그전에 후난, 쓰촨 사람들은 어떤 스타일의 음식을 좋아했을까?'라는 생각이 들었다. 관련 전문가들에게 물어보니, 명나라 이전의 후난과 쓰촨 사람들은 몸의 습한 기운을 물리치기 위해 맛이 진한 생강과 산초의 일종인 텅쟈오 같은 제철 채소를 즐겨 먹었으며, 심지어는 단 음식을 좋아했다고 한다. 후난과 쓰촨은 지리적 여건 때문에 습하고 덥다. 그래서 습도로 인한 끈끈한 느낌을 이겨내려 쌉쌀하면서도 신맛이 나는 것을 즐겨 먹게 되었고, 마침내 고추가 유입되자 그 진가를 금세 알아버린 것이다!

- 고추는 남미의 가이아나공화국 열대우림에 서식하던 것을 마야인이 발견해 먹은 게 시초이며, 아스테카문명(14~16세기)에서는 이미 고추를 재배했다는 기록이 있다. 주요 목적은 몸의 습한 기운을 몰아내기 위해서였을 것이며, 물론 고추가 지닌 매운맛도 중요시되었을 것이다. 대항해시대가 되자 고추는 세계 각지로 퍼져나가기 시작했으며, 이에 재배되는 품종도 다양해졌다. 고추가 중국에 들어온 초기에는 '해초海椒' '번초番椒'라고 불렸다. 이는 곧 고추가 해외와 변방 지역에서 들어왔음을 설명해주고 있다. 고추 생산이 늘어나자 각기 다른 품종 간에 자유롭게 교차 수분도 이루어졌다. 이에 고추 품종이 폭발적으로 늘어나고 그만큼 새로운 품종도 많이 나타났다. 교잡은 고추를 더욱 매운 고추가 되도록 만들기도 했다. 그래서 전 세계적으로 비교적 유명한 하바네로Habanero Chilli, 멕시코 할라페뇨Jalapeño, 헝가리안 체리 칠리Hungarian Cherry Chilli, 태국 고추, 자메이카의 스카치 보닛Scotch Bonnets, 네덜란드의 파프리카 등 맵기가 천차만별인 다양한 고추가 생겨났다. 중국에서 많이 볼 수 있는 고추로는 차오톈쟈오, 신장 지역의 반쟈오板椒, 덩룽쟈오 등이 있다. 참고로 파프리카는 가장 맵지 않은 고추이며, 고추의 변종이다. 일부 사람들은 파프리카를 단 고추로 분류한다. 사람들은 파프리카를 이용해 다양한 색상의 고추를 만들어냈으며, 이로써 미식가들의 식탁을 더욱 풍성하게 해주었다. 사실 파프리카로 만들어낸 새로운 품종도 모두 고추의 일종이다.

- 고추는 오늘날 공인된 건강식품이다. 비타민 C가 풍부할 뿐만 아니라 위를 건강하게 해주고 몸의 습한 기운을 없애주며, 혈액순환을 돕고, 심혈관계 기능을 개선해주는 등 장점이 많다. 물론 이와 같은 논리는 모두 지나치게 많이 먹지 않았을 때를 전제로 깔고 있다. 뜻밖에도 옛날 사람들도 고추를 맛을 위한 음식 재료가 아닌 약재로 사용했다. 멕시코 사람들의 경우는 고추가 백 가지 병을 고쳐준다고 믿었다. 그들에게 고추는 신경통 약이었을 뿐만 아니라 전신의 각종 통증, 예를 들어 위가 찬 증세, 두근거림, 소화불량

등에 쓰는 약이었다. 심지어는 머리카락에 영양을 주고 탈모와 대머리를 치료하는 데에도 고추를 사용했다. 현대 의학에서는 고추가 혈당을 낮추고 혈액순환을 가속하며, 지방 대사를 늘려 살 빼는 데 도움을 준다는 사실을 알아냈다. 뼈와 근육이 시큰거리며 아픈 사람의 경우, 욕탕 안에 소량의 고춧가루를 넣고 통증 부위를 씻어주면 통증이 완화되는 효과를 볼 수 있다. 그렇다고 몸이 아플 때 지나치게 고추에만 의지하면 오히려 부작용만 불러일으킬 수 있으며, 몸에 이상 증세가 나타날 수도 있다. 특히 평소에 피부염, 치질, 결막염, 만성 기관지 계통의 질환, 심혈관계 질환 등을 앓고 있는 사람의 경우, 의사가 자극적인 음식을 피하라고 처방한다면 고추를 먹어서는 안 된다. 이유는 간단하다. 우선 고추는 몸의 병변 부위를 자극해 병증을 더욱 심화시킬 수 있고, 또한 위장을 자극해 위장의 약물 흡수를 저해할 수 있다.

• 미식 명가에서는 모두 고추를 그다지 좋아하지 않는 것 같다. 고추의 맛이 다른 음식 재료들의 맛을 이길 정도로 강렬하기 때문이다. 게다가 고추는 조금만 과량을 넣어도 다른 재료와 조율해놓았던 맛을 모두 흩트려놓는다. 또한, 고추로 낼 수 있는 맛있는 맛은 매콤함과 매운 향 등 몇 가지 정도로 국한되어 있어 음식에 다양한 변화를 주기가 힘들다. 그래서 매운 고추를 소년에 빗대어 묘사한다면 이 소년은 열성적이나 단순하고, 앞뒤 재는 것 없고, 건강하고 활발하기만 한 모습을 하고 있을 것이다.

• 언젠가 또다시 아무 생각 없이 산책하다가 갑자기 '왜 젊은 사람들은 맵지 않으면 먹지 않으려 하는 걸까? 왜 나이가 든 사람들은 담백하고 깔끔한 맛의 양저우揚州 음식에 빠져드는 걸까?' 하는 의문이 들었다. 설마 나이를 더 먹으면 몸에 있는 찬 기운을 몰아낼 필요가 없다는 것일까? 그보다는 아마도 젊은 시절에 먹는 고추의 매운맛은 곧 '도전'의 대명사이기 때문일 것이다!

매운맛의 주방 ④
매운맛 즐기기 글 | 치쯔덩화

누군가가 매운맛은 중독성이 있어서 며칠 끊으면 별의별 생각
이 다 든다고 했다. 그렇다면 매운맛은 어떻게 사람의 머릿속에
각인되어 잊을 수 없게 되는 걸까. 관련 연구를 살펴보면 다음
과 같다. 일단 신체는 극한 자극을 받으면 그로 인한 고통에서
벗어나기 위해 도파민과 엔도르핀을 분비한다. 그리고 이와 같
은 인체 시스템 때문에 매운 음식을 먹으면 기분이 좋아진다는
것이다. 그러고 보니 고추를 먹으면 쾌감을 느끼게 되는 것은
확실한 듯하다. 다만 실제로는 고통이 먼저 있어야 그것이 뒤따
라오는 것이다.

• 고추는 매운 정도에 따라 등급이 나뉜다. 국제적으로 통
용되는 지표는 미국 과학자 스코빌이 명명한 스코빌 지수SHU
: Scoville Heat Unit다. 스코빌 지수는 일정량의 고추에서 일정량
의 고추 진액을 추출한 후 희석해 매운맛의 등급을 정하는데,
희석 배수가 곧 등급이 된다. 하나도 맵지 않은 정도가 0SHU
다. 네덜란드의 파프리카가 여기에 속한다. 현재 세계에서 가
장 매운 고추는 몇 년 단위로 갱신되고 있다. 일설에는 스코
빌 지수를 측정할 때 연구원들은 온몸에 보호복을 착용한다
고 한다. 고추에서 나오는 매운 증기나 연기에 노출돼 고생하
는 걸 막기 위해서란다. 미국의 캐롤라이나 리퍼Carolina Reaper
에서 영국의 인피니티Infinity까지, 다시 오스트레일리아의 트리
니다드 전갈Trinidad Scorpion까지, 마치 더 매운 악마의 고추를
연구개발해내는 데 재미라도 들린 것 같다. 중국에서 만날 수
있는 매운 고추 몇 가지를 살펴보면, 윈난의 샹비솬솬라象鼻涮
涮辣는 44만 SHU에 달한다. 중국인이 매우 맵다고 여기는 차
오톈쟈오는 2만~7만 SHU 정도다. 이렇게 살펴보니 '아무리
매운 고추라도 먹을 수 있다'고 호언장담했다간 큰일나겠다
싶다. 차라리 내 몸이 견딜 수 있는 범위 내에서 매운 고추와
매운 음식을 즐기는 편이 훨씬 낫지 않을까!

• 우리 식탁에 오르는 매운맛을 내는 식재료로는 고추 외에
도 후추, 마늘, 대파, 겨자 등이 있다. 각기 다른 미묘한 매운
맛을 지닌 이들 재료는 가정에서 흔히 사용하고 있을 뿐만 아
니라 맛도 대단히 좋다! 중국 음식에서 나는 매운맛은 일반적
으로 톡 쏘는 느낌의 매운맛과 매운 향으로 나누어볼 수 있
다. 고추의 캡사이신, 생강의 진저롤, 후추의 피페린, 마늘의
알리신이 매운맛을 내는 성분이며, 이들은 모두 톡 쏘는 매운
맛을 지니고 있다. 이 톡 쏘는 매운맛은 음식에 향을 보태주
고 느끼함과 잡내를 잡아준다. 유채나 산초기름에 고춧가루
를 넣어 고추기름을 만들면 향긋한 매운 향이 난다. 중국의
요리사들은 '맵지만 지나치지 않게'라는 원칙을 중시하기 때
문에, 매운 음식을 만들 때도 맛이 단조롭지 않도록 매우면서
도 향긋한 풍미를 내기 위해 노력한다.

• 중국에서 매운맛을 즐기는 지역은 일찌감치 후난과 쓰촨
을 넘어 중국 전역과 변방까지 확대되었다. 고추는 중국에 들
어온 지 겨우 500년밖에 되지 않았지만, 파죽지세로 전국을
물들였다. 정말 어처구니없는 예를 들자면, 구이저우貴州 지역
에서 약모밀은 식용으로 사용한 역사가 춘추전국시대까지 거

슬러 올라가며, 심지어 훨씬 이전부터 먹던 식재료다. 그런데 지금 북쪽 지역 사람 중 약모밀을 들어본 사람은 몇 되지 않는다. 그렇다면 고추가 이렇게나 빨리 천하 통일을 이룰 수 있었던 이유는 뭘까? 사람들이 아픔 후 밀려오는 쾌감에 빠져들었기 때문이라는 것 말고는 설명할 길이 없다.

• 마라훠궈麻辣火鍋는 중국 전역을 쓰촨의 매운맛으로 물들게 한 주역이다. 보통 마라('마라'는 입안이 마비될 정도로 얼얼하게 매운맛을 뜻한다—역자)훠궈 음식점에서는 손님의 입맛에 따라 아주 약한 매운맛, 약간 매운맛, 중간 매운맛, 강한 매운맛 등으로 매운 정도를 나누어 음식을 제공하고 있다. 마라훠궈에 들어가는 고추는 쓰촨 재래종인 하이쟈오海椒, 차오톈쟈오, 쯔단터우라쟈오 등이며, 말린 것을 볶아 매운맛을 낸다. 이렇게 만들어낸 매운맛은 맵되, 단조롭지 않고 진한 향이 난다.

• 후난에서는 고추를 주로 염장해 먹는다. 작은 즈톈쟈오指天椒를 염장용 단지에 넣어 숙성시키는데, 짠 내와 섞인 매운맛은 입맛을 돋우는 데 딱 좋다. 둬쟈오라고 부르는 고추를 잘게 다진 형태의 고추지를 만들 때는 크기가 큰 홍고추를 사용한다. 균일하게 다진 홍고추에 다진 마늘과 소금을 섞어 밀봉한 후 한동안 그대로 두면 후난식 매력을 지닌 고추지가 탄생한다. 더우츠라쟝豆豉辣醬('더우츠'는 찐 콩을 으깨지 않고 그대로 발효시킨 음식이며 '라쟝'은 중국의 고추장이므로, '더우츠라쟝'은 발효시킨 콩을 넣어 만든 고추장이다—역자)은 후난 사람들이 가장 좋아하는 음식이다. 모두가 '발효시킨 콩과 고추의 맛'이라는 조합이 후난의 맛을 대표한다고 생각하지는 않을 테지만, 그래도 더우츠라쟝을 넣으면 어떤 음식이라도 후난 요리가 돼버리고 만다.

• 산시陝西 지역에서는 고추를 이르는 라쟈오辣椒를 '매서운 놈' 정도의 뜻을 지닌 '라쯔辣子'로 부르며, 일반적으로 고춧가루로 만들어 사용한다. 산시 지역의 18가지 이상한 풍속이 담긴 섬서십팔괴陝西十八怪를 보면, 모饃(호떡 형태의 둥글납작한 소가 없는 찐빵으로 주로 가운데를 갈라 소를 넣어 먹는다—역자)라고 부르는 찐빵을 넣은 양고깃국을 큰 그릇에 담아 팔며, 라쯔가 들어있으면 그 음식을 먹지 않는다'란 구절이 등장한다. 이는 산시 지역 고추인 라쯔가 입에 넣는 즉시 자연스레 큰 소리를 내지르

게 할 정도로 무척이나 맵다는 방증이다.

• 동북 지역에서 가장 보편적으로 먹는 매운 음식은 파오차이泡菜(발효시킨 염장 채소로, 예를 들어 동치미, 오이지, 무짠지, 백김치 등이 있다. 여기서는 조선족의 파오차이 중에서 '김치'를 말하고 있다—역자)다. 파오차이를 만들 때는 고추와 고춧가루 그리고 설탕이 필요하다. 이 지역 아이 대부분이 가장 먼저 접하게 되는 매운맛은 조선족 음식이다. 조선족 음식은 매우면서도 단맛이 있다. 그래서 음식을 입에 넣었을 때 가장 먼저 느껴지는 단맛 덕분에 매워도 먹게 되며, 이러한 경험이 쌓여 매운맛 자체를 즐기게 된다.

• 구이저우 지역에서 생산되는 라오간마老乾媽라는 브랜드의 고추장은 이미 전 세계를 점령했다. 구이저우에서는 고추를 주로 라쟝이라고 부르는 고추장으로 만들어 먹는데, 이 라오간마 브랜드의 라쟝 안에는 다진 고기가 들어있으며, 고추의 매운맛과 고기 향이 잘 어우러져 있다. 그래서 변화를 주지 않고 원래 형태를 그대로 간직하고 있는데도 사람들이 알아서 찾아 먹고 있다.

• 윈난 지역에는 고추 종류가 유난히 많다. 어떤 고추는 태국 고추와 대단히 비슷하게 생겼으며, 대개 시고 매운맛이 난다. 하지만 고작 이 정도로는 윈난 사람들의 매운맛 사랑을 충분히 설명할 수 없다. 이들은 정말로 대단히 매운맛을 좋아한다. 음식을 먹을 때 자연스럽게 고춧가루부터 작은 접시에 부어 양념장을 만드는데, '잔수이蘸水'라고 부르며, 이렇게 따로 양념장을 만드는 것은 다른 사람을 배려해서다. 맵게 먹고 싶은 사람은 이 양념장에 찍어 먹어도 되지만, 매운 걸 잘 못 먹는 사람은 절대 건드리지 말기 바란다. 먹는 즉시 너무 매워서 팔짝팔짝 뛰게 될 수도 있으니 말이다.

• 고추는 강력한 침략자다. 원래 매운 음식이 없는 상하이上海, 푸졘福建, 광둥廣東 일대까지 파고들었을 정도니 말이다. 이들 지역에서 매운 음식이 유행하는 것만 보아도 매운맛이 얼마나 매력적인지 충분히 알 수 있다. 어찌 되었든 맛있게 매운 음식이 더 많이 개발되어 매운맛을 사랑하는 사람들의 삶이 더욱 풍성해지고 있으니, 이 또한 좋지 않은가.

20가지 중국의 매운 음식 글 | 치쯔덩화

중국에서 다섯 가지 맛을 뜻하는 오미는 오행과 연계되어 있다. 오행은 목木, 화火, 토土, 금金, 수水를 의미하며, 오미의 신맛, 쓴맛, 단맛, 매운맛, 짠맛 가운데 매운맛은 오행의 '금'에 해당한다. 또 오장인 간, 심장, 비장, 폐, 신장 가운데 매운맛과 연관된 부위는 '폐'다. 즉 쉽게 말해 매운 음식을 좋아하는 사람은 폐와 연관된 부위가 비교적 부실하고 허약할지도 모른다. 중국 전통 의학에서 말하는 양생의 관점에서 보면, 매운 걸 좋아하는 사람은 폐에 특히 더 신경을 써야만 하는 것이다. 요즘에 매운 음식만 찾을 정도로 매운 음식에 빠진 사람이 너무 많다. 대체 사람들은 왜 이렇게 매운 음식을 좋아하는 걸까? 그리고 대체 왜 이러한 현상이 나타났을까? 시고, 쓰고, 달고, 짠 다섯 가지 맛을 좋아하는 이들과 수적으로 균형을 이룰 수는 없는 걸까?

사람은 원래 매운 음식을 선호하는 경향이 있다. 몸에 이상이 생겨 의사로부터 매운 음식 섭취 금지령을 받지 않은 이상, 대개는 며칠에 한 번꼴로 매운 음식을 찾는다. 심한 경우, 하루도 빠짐없이 먹는 사람도 있다. 중국에서 원래 가정식으로 매운 음식을 즐겨 먹던 지역은 윈난, 구이저우, 쓰촨, 후난 정도였다. 그러던 것이 이 지역의 매운 음식이 식당을 통해 점차 퍼져나가면서, 지금은 중국 전역의 거의 모든 가정에서 매운 음식을 최소 한두 가지는 식탁에 올리는 정도가 되었다. 고추의 매운맛이 서서히 중국을 점령하고 있는 것이다. 게다가 이와 같은 변화에 사람들은 '저항'조차 하지 않고 있다. 그렇다면 이왕 이렇게 된 거, 매운 음식 몇 가지를 배워보면서 이런저런 생각을 해보는 건 어떨까!

매운맛은 어디서 오는 걸까?

생고추

시장에서 파는 생고추에는 풋고추와 홍고추가 있다. 예전에 중국에서는 어머니들이 '홍고추가 맵고 풋고추는 맵지 않다'고 말했다. 하지만 이 같은 말은 옛날이야기가 된 지 오래다. 오늘날의 고추는 이미 수차례 교배를 거쳐 과거와는 다른 특징을 지니게 되었다. 그럼에도 그 누구 하나 어떤 고추가 매운 품종인지 일일이 알려주지 않는다. 그러므로 고추를 살 때는 반드시 매운 고추인지 물어보아야 한다.

고춧가루

고춧가루는 말린 홍고추를 가루로 빻은 것이다. 중국에서 가장 유명한 고춧가루는 산시성에서 재배한 태국 고추인 타이라泰辣와 쓰촨 지역의 고유 품종인 얼징탸오로 만든다. 최상품의 고춧가루에는 독특한 향이 있다. 이와 같은 향은 통통하게 잘 여문 홍고추를 말렸을 때만 얻을 수 있으며, 고추 기름에서 나는 매혹적 향도 바로 여기서 나온다.

파오쟈오泡椒와 둬쟈오剁椒

고추를 소금에 절이면 파오쟈오라고 부르는 고추지를 만들 수 있다. 쓰촨과 후난의 고추지와 유백색 고추지가 유명하다. 쓰촨에서는 2,000여 년 전부터 고추지를 만들었다. 후난의 유백색 풋고추로 만든 고추지, 파오바이라쟈오泡白辣椒 역시 유구한 역사를 지니고 있다. 그런데 후난 지역에서 가정마다 잘게 다진 고추로 만든 고추지, 즉 둬쟈오를 보편적으로 먹게 된 시기는 명나라 말기와 청나라 초기에 이르러서라는 이야기가 있다. 중국인의 미식 문화 저변이 확대되고 다채로워진 것은 근 200년 사이에 벌어진 일인 것이다.

짜오라쟈오糟辣椒

술을 넣어 삭힌 고추지인 짜오라쟈오(고추를 염장할 때 술을 넣어 삭히는 방식으로 만들며, 신맛과 매운맛이 주를 이루는 고추지다. '짜오'는 술지게미나 술을 넣어 음식을 삭히는 것을 의미한다―역자)는 원래 윈난과 구이저우 지역에서 만들어 먹는 것으로 이곳에 가야 제대로 된 맛을 느낄 수 있다. 매운맛이 너무 강하지 않은 홍고추, 생강, 마늘을 모두 다져 함께 섞은 후 여기에 약간의 백주를 넣고 밀봉해 보관해두면 짜오라쟈오라는 고추지가 만들어진다. 짜오라쟈오는 만드는 방법이 일반 고추지인 파오쟈오와는 약간 다른데 고추, 햇생강, 마늘을 물로 세척한 후 겉면에 있는 수분을 말리지 않은 상태에서 항아리에 담아 염장한다.

라쟝辣醬

중국에서 가장 입맛을 돋우는 조미료를 꼽으라면 무엇이 있을까? 바로 라쟝('라쟝'은 직역하면 매운맛이 나는 장이다. 국내에서는 중국식 고추장, 또는 중국어 발음대로 라쟝으로 불린다―역자)이다! 라쟝으로 불리는 고추장 속 고추는 각종 음식에서 변화무쌍한 면모를 보인다. 가늘게 채 썰거나 네모지게 깍둑썰기 한 고기 요리, 두반장을 넣은 요리, 무 요리 등 어느 음식 재료와도 잘 어우러지며, 맛을 돋워준다.

얼큰하면서도 입안을 얼얼하게 만드는 쓰촨 맛의 대표 주자.

마파두부는 더 이상 중국인들만의 전유물이 아니다.

이미 마파두부는 전 세계를 붉은 맛으로 물들였다.

마포더우푸 麻婆豆腐 마파두부

재료

간 쇠고기 80g, 두부 1모, 대파 1토막(15g), 마늘 2쪽, 생강 편 1쪽(5g), 풋마늘대 1뿌리, 두반장(피센더우반, 48쪽 참조) 1큰술, 고춧가루 1/2작은술, 국간장(성처우, 27쪽 참조) 1큰술, 조미술 1큰술, 육수(돼지고기나 닭고기 국물) 1컵, 전분물 1큰술, 식용유 1큰술, 산초가루 1/2작은술

만들기

1 두부는 사방 2cm 크기로 깍둑썰기 한 후 소금물에 10분 정도 담가둔다. 대파, 마늘, 생강, 풋마늘대는 각각 잘게 다져놓는다.

2 팬(웍)에 에 식용유를 두르고 센 불로 가열한다. 기름 온도가 약 150도 정도 되었을 때 두반장과 고춧가루를 넣고 볶아 홍유紅油를 만든다. 여기에 대파, 마늘, 생강 다진 것을 넣고 볶아 향을 낸 후, 간 쇠고기를 넣고 고기 색이 변할 때까지 볶아준다.

3 팬에 조미술을 넣고 재빨리 휘저어 섞은 후 국간장을 넣어 간을 한다. 재료에 간이 고루 배도록 섞으며 볶다가 육수를 넣고 끓인다. 육수가 끓어오르면 깍둑썰기를 해놓은 두부를 소금물에서 건져내 팬에 넣고, 두부가 육수와 잘 섞이도록 팬을 가볍게 흔들어준다.

4 약한 불에서 약 3분 동안 끓이다가 전분물을 넣는다. 센 불로 바꾸고 전분물이 육수와 골고루 섞일 때까지 팬을 흔들어준다. 완성된 음식을 접시에 담고 산초가루와 다진 풋마늘대를 뿌려 마무리한다.

라쯔지|辣子鷄 라조기

재료

닭고기(三黃鷄, 싼황지)* 1/2마리, 대파 2토막(30g), 마늘 4쪽, 생강 편 3쪽(15g), 건고추(건얼징탸오, 14쪽 참조) 40g, 산초 2작은술, 조미술 1작은술, 국간장(성처우, 27쪽 참조) 1큰술, 오향가루 1/2작은술, 전분 1큰술, 소금 1작은술, 백설탕 1작은술, 볶은 흰깨 1큰술, 식용유 300mL

* 싼황지는 중국에서 보편적으로 키우는 닭으로, 세 가지가 누런 닭이란 뜻이다. 털, 발, 부리가 모두 노란색을 띤다. 국내에서는 구할 수 없으므로 그냥 닭고기로 번역했다(역자).

만들기

1 닭고기는 깨끗이 씻어 물기를 닦아낸 후 사방 2.5cm 크기로 네모나게 자른다. 되도록 크기가 균일하게 토막 낸다. 대파는 편으로 썰고, 마늘은 2등분한다. 생강은 저며놓는다. 건고추는 1cm 정도 길이로 잘라놓는다.

2 토막 낸 닭고기를 그릇에 넣고 조미술, 국간장, 오향가루, 전분, 소금을 넣어 고루 버무린다. 양념이 배도록 10분 동안 재운다.

3 깊은 팬(웍)에 식용유를 붓고 약한 불로 가열한다. 기름 온도가 150도 정도로 오르면, 닭고기를 넣어 살짝 노릇노릇해질 때까지 튀긴 후 건져낸다. 중간 불로 올리고 기름을 가열해 온도가 약 210도까지 올라가면, 한 번 튀겨낸 닭고기를 다시 넣고 황금색이 돌 때까지 튀긴 후 건져낸다.

4 새 팬(웍)에 식용유 2큰술을 넣고 중간 불로 가열한다. 기름 온도가 180도 정도 되면, 건고추와 산초를 넣고 살짝 볶아 향을 낸다. 여기에 썰어놓은 대파와 마늘, 생강을 넣고 고루 섞이도록 볶는다. 튀겨놓은 닭고기를 넣고 섞은 후 백설탕, 물 1큰술을 넣어 닭고기 표면이 살짝 촉촉하고 부드러워지도록 한다.

5 마지막으로 흰깨를 넣어 고루 섞어준 후 그릇에 담아낸다.

수이주러우 水煮肉 수자육

재료

쇠고기 살코기 250g, 배추 200g, 대파 1토막(15g), 마늘 10쪽, 생강 편 2쪽(10g), 건고추 10g, 산초 1큰술, 두반장(피셴더우반, 48쪽 참조) 2큰술, 쌀알을 뺀 라오짜오醪糟* 2큰술, 전분 1큰술, 소금 약간, 육수(돼지고기나 닭고기 국물) 400mL, 국간장(성처우, 27쪽 참조) 1큰술, 백설탕 1작은술, 식용유 100mL

* 찹쌀로 만들며 우리나라에는 미주米酒, 중국식 막걸리 등으로 알려져 있다. 쌀알이 가득한 형태로 달콤한 맛이 나며, 알코올은 적은 편으로 우리나라의 식혜와 막걸리 중간 정도의 술이다. 저자는 쌀알을 건져낸 술만을 쓰고 있으며, 막걸리로 치면 윗부분의 맑은 술만 쓰는 것이다(역자).

만들기

1 쇠고기는 살코기로 준비해 얇게 편으로 썬다. 이때 결의 직각 방향으로 썰어야 고기가 연하다. 쇠고기에 라오짜오 즙, 전분, 소금을 넣고, 재료를 골고루 버무려준 후 잠시 재운다.

2 배추는 깨끗이 씻은 후 큼직큼직하게 자른다. 건고추는 작게 토막 낸다. 두반장은 알맹이를 으깨놓는다. 대파는 편으로 썰고, 마늘과 생강은 잘게 다져놓는다.

3 팬(웍)에 식용유 2큰술을 두르고 중간 불로 가열한다. 기름 온도가 150도 정도 되면 건고추와 산초를 넣고 재료가 갈색이 될 때까지 볶은 후, 팬에서 꺼내 그릇에 따로 담아놓는다.

4 ③의 팬 바닥의 남은 기름에 대파를 넣고 센 불에서 향을 낸다. 여기에 배추를 넣고 볶는데, 배추 가장자리가 투명해지면 팬에서 꺼내 완성된 음식을 담을 큰 그릇에 옮겨놓는다.

5 다시 같은 팬에 식용유 2큰술을 두르고 중간 불에서 가열해 기름 온도가 150도 정도 되었을 때 다져둔 두반장과 생강을 넣어 살짝 볶아 붉은색의 기름장을 만든다. 여기에 육수를 붓고, 팔팔 끓어오르면 재워둔 쇠고기를 넣은 후 고기가 엉겨붙지 않도록 저어준다. 고기가 익어 색이 변하면, 국간장과 백설탕을 넣는다. 완성된 국물과 고기를 배추를 담아둔 그릇에 담는다.

6 그릇에 담긴 고기 위에 볶아둔 건고추와 산초, 다져둔 마늘을 고명으로 얹는다. 마지막으로 팬에 남은 기름을 넣고 270도 정도까지 가열해 고명 위에 부어주면 완성된다.

이 자극적인 요리 수이주러우(우리나라에 '수자육'으로 소개되기도 했는데, '자煮'는 물을 넣어 끓이거나 삶는 것을 뜻한다—역자)는 일단 한 입 먹고 나면 후루룩후루룩 계속 먹게 된다.

사람들은 쏸차이위(쏸차이는 절임 채소를, 위는 생선을 뜻한다―역자)의 완성된 겉모양만 보고 전혀 맵지 않은 음식일 거라고 오해한다. 그런데 실제로 먹어보면, 음식에 든 흰 후추의 매운맛 때문에 계속 숨만 헐떡거리게 된다.

쏸차이위酸菜魚 쏸차이 생선탕

재료

초어 1마리, 쓰촨식 쏸차이(酸菜, 삭힌 배추나 갓)* 300g, 풋고추·홍고추(메이런자오, 14쪽 참조) 1개씩, 건고추 5개, 산초 10알, 대파 1토막(15g), 마늘 2쪽, 생강 편 2쪽(10g), 달걀흰자 1알분, 조미술 1큰술, 전분 1작은술, 백후춧가루 1작은술, 소금 1/2작은술, 식용유 100mL

* 쏸차이는 주로 배추나 갓에 각종 향신료를 넣고 소금이나 소금물에 절인 후 장시간에 걸쳐 발효시켜 시고 짠맛이 나도록 만든 절임 채소다. 우리나라의 백김치, 삭힌 배추, 삭힌 갓 등과 비슷하다(역자).

만들기

1 초어를 깨끗이 씻어 물기를 닦아낸 후 몸통 부분의 살을 발라낸다. 뼈 부분도 버리지 말고 여러 번 씻어서 피를 제거해둔다. 발라낸 살을 꼬리 쪽부터 시작해 비스듬히 잘라 포를 뜬다. 칼날 방향을 꼬리 쪽으로 향하게 해야 생선포가 얇게 떠진다. 초어 포를 깨끗한 물에 넣고, 살이 약간 투명해지면 꺼내 물기를 닦아낸다. 초어 포에 달걀흰자, 조미술, 전분, 백후춧가루 1/2작은술, 약간의 소금을 넣어 재료가 잘 섞이게 골고루 섞은 후 약 20분 동안 재워둔다.

2 풋고추와 홍고추를 어슷어슷 편으로 썰어두고 건고추는 작게 토막 낸다. 대파는 작게 토막을 내놓고 마늘은 편으로, 생강은 더 작은 편으로 썰어둔다. 쏸차이는 잘게 다져 물로 깨끗이 씻어둔다.

3 팬(웍)에 식용유를 조금 두르고 중불로 가열해 기름 온도가 150도가 되면, 백후춧가루 1/2작은술, 대파, 마늘, 생강을 넣고 살짝 볶아 향을 낸다. 여기에 초어 뼈를 넣고 볶다가 익으면서 겉의 색이 변하면 쏸

차이(삭힌 배추)를 넣고 잠시 뒤적이다 뜨거운 물을 넉넉히 붓고 끓인다. 중불과 강불의 중간 정도에서 20분간 국물이 유백색이 되도록 뼈를 우린다.

4 탕 안에 있는 뼈와 쏸차이를 꺼내 큰 그릇에 담은 후 국물은 계속 센 불로 끓인다. 여기에 초어 포를 펼쳐가며 넣는데, 생선살이 익어 색이 변하면 즉시 팬에서 건져 뼈와 쏸차이를 넣어둔 그릇에 올린다.

5 초어 살을 모두 그릇에 담았으면, 탕이 끓고 있는 팬의 상층부에서 국물만 퍼내 그릇에 붓는다. 새로운 팬(웍)을 준비해 기름을 살짝 두르고 건고추와 산초를 센 불에서 볶는다. 건고추 색이 살짝 변하기 시작하면 건고추, 산초를 건져 그릇에 담아둔 초어 살 위에 고명으로 얹는다. 이어 풋고추와 홍고추도 고명으로 얹는다.

6 ⑤의 팬에 다시 식용유 2큰술을 넣고 센 불로 가열한다. 기름 온도가 200도 정도 되었을 때 그릇에 담아놓은 고추 고명 위에 기름을 부어 마무리한다.

음식 이름에 도적을 뜻하는 「투페이土匪」란 단어가 있어, 얼핏 듣기에는 참으로 사나운 요리 같다. 먹어보면 정말로 펄쩍펄쩍 뛸 정도로 매워 이름이 무색하지 않다.

투페이주간 土匪猪肝 돼지간볶음

재료

돼지 간 300g, 대파 1토막(15g), 생강 편 2쪽(10g), 마늘 2쪽, 풋고추·홍고추 2개씩, 조미술 1/2큰술, 전분 1작은술, 소금 약간, 국간장(성처우, 27쪽 참조) 1큰술, 백설탕 1작은술, 식용유 2큰술

만들기

1 돼지 간은 표면에 있는 근막을 제거한 다음 얇게 편으로 썰어 물에 1시간가량 담가 핏물을 뺀다. 핏물이 다 빠지면 깨끗이 씻어 물기를 닦아낸 다음 다시 꼭 짜서 남은 수분을 제거한다. 돼지 간에 조미술, 전분, 소금을 넣고 조물조물 버무려 양념한 후 20분 동안 재워둔다.

2 대파, 생강, 마늘은 편으로 썰어둔다. 풋고추와 홍고추도 편으로 썰어놓는다.

3 팬(웍)에서 연기가 피어오를 때까지 센 불에서 가열한다. 연기가 올라오면 약한 불로 줄이고 식용유를 두른다. 기름 온도가 90도 정도 되었을 때 썰어놓은 돼지 간을 넣고 서로 들러붙지 않도록 휙휙 저어주듯 볶는다. 돼지 간이 익으면서 겉의 색이 변하면, 다른 그릇에 꺼내둔다.

4 팬에 남은 기름을 넣고 센 불에서 가열한다. 기름 온도가 150도 정도 되었을 때 대파, 생강, 마늘을 넣고 볶아 향을 낸 다음, 고추를 넣고 잠깐 더 볶는다. 여기에 ③의 돼지 간을 넣고 국간장, 백설탕으로 맛을 낸 다음 간이 고루 배도록 재빨리 볶아낸다.

샤오차오러우 小炒肉 돼지고기볶음

재료

오겹살 200g, 매운 고추(차오텐쟈오, 15쪽 참조) 2개, 안 매운 고추(항쟈오, 15쪽 참조)* 6개, 대파 1토막(15g), 마늘 2쪽, 생강 편 1쪽(5g), 두시(豆豉. 더우츠)** 1큰술, 노두유(老抽. 라오처우)·국간장(生抽. 성처우)*** 1/2큰술씩, 조미술 1큰술, 소금 약간, 식용유 2큰술

* 차오텐쟈오 대신 매운맛이 강한 고추를, 항쟈오 대신 크기가 크고 덜 매운 고추를 준비하면 될 것 같다(역자).

** 두시는 콩을 쪄서 발효 건조시켜 만든 조미료의 일종으로, 우리나라에서는 콩짜장이라고 불린다(역자).

*** 노두유(노추)는 색이 진한 중국 간장으로 성처우(생추)에 비해 짠맛은 덜하고 약간 단맛이 있다. 이에 반해 성처우는 색이 연하고 짠맛이 노두유보다 강하다. 우리나라 국간장과 비슷한 맛을 내므로, 노두유와의 구분을 위해 편의상 국간장으로 번역했다. 음식을 볶거나 냉채를 무칠 때 쓴다(역자).

만들기

1 오겹살을 껍질과 함께 얇게 편으로 썬다. 고추는 매운 것과 안 매운 것 두 가지로 준비해 안 매운 고추는 꼭지를 제거해 반으로 갈라두고, 매운 고추는 어슷어슷 썰어둔다. 대파, 마늘, 생강은 편으로 썰어둔다.

2 오겹살에 노두유와 조미술을 넣어 버무린 후 10분 동안 재워둔다.

3 중간 불로 팬(웍)을 달군 뒤 반으로 갈라둔 안 매운 고추를 넣어 살짝 볶는다. 고추 표면에 올록볼록 무늬가 생기면 약간의 식용유를 넣고 고루 볶은 후 팬에서 꺼내놓는다.

4 팬에 식용유를 두르고 센 불에서 가열한다. 기름 온도가 150도 정도 되면, 재워둔 오겹살을 넣는다. 오겹살이 익으면서 수축해 오그라들기 시작하면 대파, 마늘, 생강, 말린 두시를 넣고 볶아 향을 입힌다. 준비한 두 가지 고추와 국간장, 소금을 넣고 재료들이 골고루 섞이도록 볶는다.

단번에 식욕을 끌어 올리는 샤오차오(웍에서 재빨리 볶아내는 요리—역자) 요리로 중국 가정에서 흔히 해 먹는 음식이다. 그래서 많은 사람에게 향수를 불러일으키는 음식이기도 하다.

매운맛을 찾아보기 힘든 상하이에서 바바오라쟝[바바오]는 여덟 가지 귀한 재료를 [라쟝은 고추장을 뜻한다―역자]은 정말 희귀한 음식이다. 향긋하고 달콤한 장醬 안에 살포시 숨어있는 매운맛 덕분에 여러 겹의 맛을 즐길 수 있다.

상하이바바오라쟝 上海八寶辣醬 상하이식 팔보채

재료

돼지 다릿살 100g, 새우 살 100g, 오리 모래주머니 2개, 삶은 돼지 위(오소리감투) 100g, 닭 가슴살 100g, 건두부(乾豆腐, 간더우푸)* 100g, 완두콩 30g, 불린 표고버섯 4장, 불린 죽순 50g, 두반장(피셴더우반, 48쪽 참조) 1큰술, 노두유(라오처우, 27쪽 참조) 1작은술, 백설탕 2작은술, 육수(돼지고기나 닭고기 국물) 2큰술, 전분물 2큰술, 소금 약간, 전분 1/2작은술, 식용유 2큰술

* 더우간豆乾이라고도 부르며, 일반 두부보다 얇게 성형하고 수분 함량을 40～50%까지 낮춘 두부다(역자).

만들기

1 새우 살에 약간의 소금과 전분을 넣어 골고루 버무린 후 잠시 재워둔다. 오리 모래주머니는 삶아 익힌다. 완두콩은 끓는 물에 익힌 후 꺼내둔다. 고기, 두부, 버섯, 죽순 등 준비한 재료를 각각 1cm 크기로 깍둑썰기 해둔다.

2 센 불로 팬(웍)을 달구다가 연기가 날 때 식용유를 넣는다. 기름 온도가 약 90도가 되었을 때 새우 살을 넣고 서로 엉키지 않도록 저어주며 볶는다. 새우 살이 익어 색이 변하면 팬에서 꺼낸다.

3 팬을 계속 가열해 팬에 남은 기름 온도가 150도 정도 되었을 때 썰어놓은 돼지고기, 닭고기를 넣고 볶는다. 고기가 익어 색이 변하면 팬에서 꺼내둔다. 팬에 두반장을 넣고 살짝 볶아 붉은색의 기름장을 만든 다음 썰어둔 오소리감투, 건두부, 표고버섯, 죽순을 넣고 잠깐 볶는다. 여기에 육수 2큰술과 볶아놓은 돼지고기, 닭고기, 오리 모래주머니를 넣고 조금 더 끓인다.

4 노두유, 백설탕을 넣어 간이 골고루 배도록 섞은 후, 전분물을 넣고 저어준다. 국물이 졸아들면 그릇에 담고, ①의 완두콩과 ②의 새우를 위에 올려주면 완성이다.

신쟝 지역에서 양꼬치를 제외하고 가장 유명한 음식을 꼽으라면 바로

이 매운맛의 닭고기 요리, 신쟝다판지〔다판〕은 넓고 큰 접시를 뜻하며,

「지」는 닭고기를 의미하므로, 우리나라의 찜닭과 비슷하다. 역자가 될 것이다.

Tips

찜닭은 자른 수타면(扯麵.
처멘)과 함께 먹으면 맛있
지만 면을 넣지 않아도
그 자체만으로도 훌륭한
요리가 된다.

신쟝다판지 新疆大盤鷄 신쟝 찜닭

재료

영계 1마리, 감자 2개, 피망 1개, 풋고추(녹색 젠쟈오. 15쪽 참조) 2개, 대파 1토막(15g), 생강 2쪽(10g), 마늘 5쪽, 건고추 2개, 산초 1
작은술, 팔각 1개, 노두유(라오처우. 27쪽 참조) 1큰술, 소금 1/2작은술, 흑설탕 2큰술, 식용유 2큰술

만들기

1 닭고기는 깨끗이 닦아 사방 3cm 크기로 깍둑썰기 한 후 물기를 제거해둔다. 감자는 깨끗이 씻어 껍질을 벗기고, 닭고기
와 비슷한 크기로 잘라둔다. 피망은 반으로 갈라 큼직하게 썰고 풋고추, 건고추는 토막 내둔다. 대파는 작은 토막으로 자
르고, 생강과 마늘은 다져둔다.

2 팬(웍)에 식용유를 두르고 흑설탕을 넣는다. 중간 불로 흑설탕을 완전히 녹인 후. 닭고기를 넣는다. 잠깐 볶아 닭고기에 흑
설탕의 색상이 골고루 묻도록 한다.

3 닭고기가 든 팬에 대파, 생강, 마늘을 넣고 닭고기가 익을 때까지 볶는다. 닭고기가 익어서 수축하기 시작하면 노두유를 넣
고, 닭고기가 모두 잠기도록 뜨거운 물 2컵을 붓는다. 여기에 건고추, 산초, 팔각을 넣고 끓인다. 국물이 끓어오르면, 약한 불
로 15분 동안 더 졸인 후 감자를 넣는다. 센 불로 올려 감자를 젓가락으로 찔렀을 때 젓가락이 쉽게 들어갈 때까지 익힌다.

4 썰어놓은 피망과 풋고추를 넣고 3분 정도 더 볶아 남아있는 수분을 더 날린다. 소금으로 간해 마무리한다.

뒤쟈오위터우 剁椒魚頭 뒤쟈오 생선머리찜

재료

대두어* 대가리 1개(1,500g 정도), 홍뒤쟈오(다진 홍고추지, 50쪽 참조) 150g, 실파 4뿌리, 생강 1조각, 소금 1작은술, 백후춧가루 1작은술, 황주黃酒** 1큰술, 정위구유(蒸魚豉油, 생선찜용 간장 소스) 2큰술, 백설탕 1작은술, 동백기름 3큰술

* 대두어는 중국이 원산지인 잉어과 민물고기로, 우리나라에서는 화연어라고도 부른다(역자).
** 황주는 쌀, 수수, 기장 등 곡물로 주조해 미색, 황갈색, 적자색을 띠며, 증류하지 않은 20도 이하의 양조주다(역자).

만들기

1 깨끗이 씻은 대두어 대가리를 정수리부터 시작해 반으로 쪼갠다. 이때 아래턱 쪽에 있는 살이 떨어지지 않도록 하는 게 중요하다. 생선을 구입할 때 손질을 부탁하면 편하다. 대두어 표면에 약간의 소금과 백후춧가루를 뿌리고, 황주를 부어 잠시 재워둔다.

2 실파 2뿌리는 잘게 다져두고, 나머지 2뿌리는 각각 말아서 매듭을 져놓는다. 생강 중 일부(15g)는 곱게 다져놓고, 남은 부분은 두툼하게 편으로 썰어둔다.

3 팬(웍)에 동백기름을 조금 두르고 센 불에서 가열한다. 기름 온도가 150도 정도까지 오르면 다진 생강과 다진 파 일부를 넣고 볶다가 홍뒤쟈오(홍고추지)를 넣어 향을 낸다. 여기에 백설탕을 약간 넣고 볶은 후 팬에서 꺼내놓는다.

4 넓은 접시에 편으로 썰어둔 생강과 매듭지은 파를 가지런히 깔고, 대두어를 껍질 부분이 위쪽으로 오도록 해서 올린다. 대두어 대가리 양쪽에 ③의 볶은 뒤쟈오를 올린 다음 한 김 올라온 찜기에 넣어 중불과 강불 사이의 불에서 20분 동안 찐다. 만약 생선 대가리가 크면 찌는 시간을 더 길게 잡는다.

5 대두어 접시를 찜기에서 꺼내어 필요 이상으로 우러나온 국물은 따라낸다. 여기에 정위구유소스를 뿌리고 남겨둔 다진 파도 흩뿌린다. 남은 동백기름을 팬에 넣고 가열해 온도가 200도 정도로 오르면, 그릇에 담긴 다진 파와 뒤쟈오 위에 부어 마무리한다.

뒤쟈오위터우("뒤쟈오"라고 불리는 다진 고추지와 생선 대가리를 의미하는 "위터우"로 만든 찜 요리다—역자)는 거의 후난 음식의 대표 주자가 되었다고 할 수 있다. 그릇에 가득 담긴 다진 고추지는 「대단히 매운 음식이니 먹기 전에 마음 단단히 먹으라」는 경고이기도 하다.

간볜뉴러우쓰 乾煸牛肉絲 쇠고기채볶음

재료

쇠고기 살코기 300g, 파슬리 2뿌리, 생강 편 2쪽(10g), 건고추 20g, 산초 2작은술, 두반장(피셴더우반, 48쪽 참조) 1큰술, 조미술 1큰술, 백설탕 2작은술, 식용유 2큰술

만들기

1 쇠고기는 0.5cm 두께로 굵게 채 썬다. 파슬리는 깨끗이 씻어 쇠고기와 비슷한 길이로 자른다. 건고추는 큼직하게 썰고 생강은 저민다. 두반장은 잘게 다져둔다.

2 팬(웍)을 가열해 연기가 피어오르면, 식용유를 두르고 불을 중간 불로 조절한다. 기름 온도가 180도 정도 되었을 때 채 썬 건고추, 산초를 넣고 볶는다. 건고추와 산초 색이 약간 변하면, 기름만 남기고 신속히 건져낸다.

3 불을 센 불로 바꾸고 팬을 다시 가열한다. 만약 팬에 남아있는 기름의 양이 얼마 되지 않으면, 기름을 조금 더 추가해도 된다. 기름 온도가 180도 정도 되면 채 썬 쇠고기를 넣고 볶다가 수분기가 사라지고 갈색으로 익으면 팬에서 꺼내둔다.

4 팬에 남아있는 기름을 계속 가열하며 두반장을 넣고 볶아 붉은색의 기름장을 만든다. 여기에 생강 편, 볶아놓은 쇠고기, 조미술, 백설탕을 넣고 재료가 고루 섞이도록 볶는다. ②의 건고추와 산초, 그리고 파슬리를 넣어 파슬리가 숨이 죽을 정도로만 볶으면 완성된다.

오래된 쓰촨 음식점 메뉴에서는 항상 이 채 썬 쇠고기볶음인 간볜뉴러우쓰('간볜'은 물을 넣지 않고 기름으로만 볶는 중국식 조리 방법을, '뉴러우쓰'는 채 썬 쇠고기를 의미한다―역자)를 볼 수 있다. 매운 향과 신선한 맛이 대단히 매력적이다.

윈난 사람들도 매운 음식을 대단히 좋아한다. 윈난에서는 고추로 만든 각종 양념장뿐만 아니라 바로 이 요리, 뎬웨이량미셴(뎬은 윈난을 이르는 말이라서 윈난 지역에서 먹는 차가운 쌀국수 요리라는 의미가 된다—역자)도 새콤하고 매콤한 맛에 많은 사랑을 받고 있다.

뎬웨이량미셴 滇味凉米線 윈난 생쌀국수

재료

쌀국수 150g, 간 돼지고기 100g, 부추 20g, 매운 풋고추·홍고추(샤오미라, 14쪽 참조) 1개씩, 숙주 50g, 고수 1뿌리, 고춧가루 1작은술, 산초가루 1/2작은술, 땅콩 15g, 국간장(성처우, 27쪽 참조) 2큰술, 식초(香醋, 상추)* 1큰술

* 중국의 특정 식품회사가 개발한 찹쌀 식초로 향이 진하고 단맛과 신맛이 있고 쓴맛이 없다(역자).

만들기

1 마른 쌀국수를 삶아 익힌 후 차게 식혀둔다. 부추는 손질해 깨끗이 씻은 후 손가락 길이로 잘라둔다. 풋고추와 홍고추는 매운 것으로 준비해 잘게 다져놓는다. 고수는 깨끗이 씻어 잎만 따놓는다.

2 팬(웍)을 달군 후 식용유를 두르고 센 불로 바꾼다. 기름 150도 정도까지 오르면, 고춧가루와 산초가루를 넣고, 여기에 재빨리 돼지고기 간 것을 넣은 후 육즙이 졸아들 때까지 볶는다. 여기에 국간장을 넣어 골고루 섞이도록 재빨리 섞어주면 돼지고기 고명이 완성된다.

3 부추와 숙주는 끓는 물에 데쳐서 물기를 빼놓는다. 땅콩은 껍질을 벗겨 약간의 기름을 두른 팬에서 황금색이 돌도록 바싹 익힌 후 잘게 부숴놓는다.

4 식은 쌀국수를 그릇에 담고 국간장, 식초 1큰술을 넣고, 고추, 땅콩, 볶은 돼지고기, 부추, 숙주, 고수를 얹은 후 골고루 섞어준다.

짜오라쟈오차오판 糟辣椒炒飯 짜오라쟈오 볶음밥

재료

달걀 2개, 찬밥 2그릇, 짜오라쟈오(고추지의 일종, 21쪽 참조) 2큰술, 실파 1뿌리, 소금 약간, 식용유 2큰술

만들기

1 그릇에 달걀과 약간의 소금을 넣어 달걀물을 만든다. 짜오라쟈오는 잘게 다진다. 찬밥에 뜨거운 물 1큰술을 넣고 밥알이 뭉치지 않게 잘 풀어놓는다. 실파는 잘게 다져놓는다.

2 팬(웍)에 식용유를 두르고 센 불에서 가열한다. 기름 온도가 180도 정도 되었을 때 달걀물을 넣고 신속하게 휘저어 몽글몽글하게 볶아 팬에서 꺼내놓는다.

3 팬에 남은 기름을 넣고 센 불로 가열한다. 기름 온도가 150도 정도 되면 다진 짜오라쟈오를 넣고 볶아준다. 기름에 살짝 붉은색이 돌면 풀어놓은 찬밥을 넣고 계속 볶아준다.

4 밥알이 뭉친 부분이 없이 모두 풀어졌으면 볶아둔 달걀을 넣고 골고루 섞는다. 다져놓은 실파를 넣어 마무리한다.

구이저우 사람은 짜오라쟈오라고 부르는 시고 매운 다진 고추지만 있으면 밥을 쓱싹 비운다. 게다가 볶음밥을 할 때 이 고추지만 넣어도 그럴 듯하게 맛난 요리가 완성된다.

파오쟈오지젠泡椒鷄胗 파오쟈오 닭똥집볶음

재료

닭 모래주머니 300g, 매운 파오쟈오(매운 고추지. 21쪽 참조) 100g, 풋마늘대 2뿌리, 생강 편 1쪽(5g), 조미술 1큰술, 국간장(성처우. 27쪽 참조) 1큰술, 전분 1작은술, 소금 약간, 식용유 2큰술

만들기

1 파오쟈오(고추지)는 깨끗이 씻어 1cm 길이로 토막 낸다. 풋마늘대는 어슷썰기 하고, 생강은 편으로 썰 어놓는다.

2 닭 모래주머니는 깨끗이 씻어서 납작하게 편으로 썰어 조미술, 국간장, 전분, 소금을 넣고 골고루 버 무린 후 10분 동안 재운다.

3 팬(웍)에 식용유 1큰술을 두르고 센 불로 가열한다. 기름 온도가 약 150도 되었을 때 썰어놓은 파오쟈 오를 넣고 볶는다. 파오쟈오의 수분이 줄어들면 팬에서 꺼내 따로 담아놓는다.

4 팬에 다시 기름을 두르고 센 불에서 가열한다. 기름 온도가 150도 정도 되었을 때 생강을 넣고 잠깐 볶다가, 여기에 다시 닭 모래주머니를 넣고 볶는다. 닭 모래주머니가 익어 색이 변하기 시작하면, ③ 에서 볶아놓은 파오쟈오를 넣고 2분 동안 볶는다.

5 마지막으로 풋마늘대를 넣고 색이 변할 때까지 볶는다. 입맛에 따라 소금을 더 넣어도 된다.

유백색 고추로 만든 고추지 「파오쟈오」와 닭 모래주머니 「지젠」을 함께 볶아낸 요리로 후난 지역의 대표 요리 중 하나다. 꼭 유백색 고추로 만든 파오쟈오를 넣지 않더라도 같은 맛을 낼 수 있다.

샹라셰 香辣蟹 샹라꽃게

재료

꽃게 4마리, 파슬리 2뿌리, 고수 1뿌리, 양파 1/2개, 마늘 5쪽, 생강 편 4쪽(20g), 건고추 10g, 산초 2작
은술, 월계수 잎 2장, 두반장(피센더우반. 48쪽 참조) 1큰술, 첨면장(甛麵醬. 톈몐장)* 1큰술, 국간장(성처우. 27쪽 참
조) 1큰술, 쌀알을 뺀 라오짜오(醪糟. 24쪽 참조) 2큰술, 백설탕 1작은술, 전분 50g, 식용유 200mL

* 첨장이라고도 부르며, 이름 그대로 밀가루麵에 소금을 넣어 발효시킨 단맛이 나는 장이다(역자).

만들기

1 파슬리와 고수는 깨끗이 씻어 각각 짧게 토막을 내놓는다. 양파는 네모난 모양으로 썰고 마늘은 거
   칠게 으깨고, 건고추는 작은 토막으로 잘라놓는다.

2 꽃게는 깨끗이 씻어 등딱지를 떼어내고 아가미를 제거한 후 반으로 토막 낸다. 집게발은 두드려서 으
   깨놓는다. 토막 낸 꽃게에 전분을 묻힌다. 특히 꽃게 절단면에는 전분을 꼼꼼히 묻힌다. 깊은 팬(웍)에
   식용유를 붓고 센 불로 가열한다. 기름 온도가 210도 정도 되었을 때 꽃게를 넣고, 노릇노릇 튀겨지
   면 팬에서 꺼내둔다.

3 팬(웍)에 식용유를 약간 두르고 센 불에서 가열한다. 기름 온도가 150도 정도 되었을 때 건고추, 산초,
   월계수 잎을 넣고 색이 변할 때까지 볶는다. 여기에 양파, 마늘, 생강을 넣고 볶아 향을 낸 다음 두반
   장과 첨면장을 넣고 재료와 골고루 섞이도록 볶는다. 이때 팬에 너무 수분이 없어 보이면 바닥이 촉
   촉해 보일 정도로 물을 첨가하면 된다.

4 여기에 ②에서 튀겨놓은 꽃게를 넣고 볶다가 국간장과 라오짜오즙, 백설탕을 넣고 골고루 섞어준다.
   마지막으로 썰어놓은 파슬리를 넣고 숨이 죽을 정도로 살짝 볶는다. 그릇에 담고 고수를 고명으로
   얹어 마무리한다.

요즘 중국 거의 전역의 야시장에서 샤오롱샤로 만든 매운 가재 요리를 만날 수 있다. 그런데 이 음식의 원조는 창샤長沙 지역의 커우웨이샤(커우웨이는 맛을 뜻하며 '샤'는 가재를 의미한다. 즉 맛있는 가재 요리라는 의미다 — 역자)라는 요리다.

커우웨이샤 口味蝦 맛있는 가재볶음

재료

민물 가재(小龍蝦, 샤오롱샤) **1,000g**, 자소엽 **50g**, 고수 **2뿌리**, 마늘 **10쪽**, 생강 편 **5쪽**(25g), 건고추 **20g**, 산초 **1큰술**, 팔각 **1개**, 계피 작은 **1토막**(10g), 월계수 잎 **3장**, 두반장(피센더우반, 48쪽 참조) **2큰술**, 조미술 **2큰술**, 육수(닭고기나 돼지고기 국물) **300mL**, 식용유 **4큰술**

만들기

1 가재는 깨끗이 씻어 물기를 제거해둔다. 자소엽은 잘게 다져놓고 고수는 길게 썰어놓는다. 마늘과 생강은 편으로 썰고, 건고추는 토막 낸다.

2 팬(웍)에 식용유를 두르고 센 불로 가열한다. 기름 온도가 210도 정도 되면 마늘, 생강, 가재를 넣고 볶는다. 가재가 익어 표면이 붉게 변하면 팬에서 꺼내놓는다.

3 팬에 남아있는 기름을 센 불로 가열한다. 기름 온도가 150도 정도 되면 토막 낸 건고추, 산초, 팔각, 계피, 월계수 잎을 넣고 볶아 향을 낸다. 여기에 두반장을 넣어 붉은색의 기름장을 만들고, 다시 ②의 볶아놓은 가재를 넣는다.

4 팬에 조미술을 붓고 잠시 볶다가 육수를 넣고 약한 불에서 10분 동안 끓인다. 마지막으로 자소엽을 넣어 볶은 후 그릇에 담는다. 그릇에 담은 가재 위에 고수를 얹어 마무리한다.

후피항쟈오 虎皮杭椒 고추조림

재료

안 매운 고추(항쟈오, 15쪽 참조) **400g**, 마늘 2쪽, 두시(더우츠, 27쪽 참조) **1작은술**, 식초(상추, 32쪽 참조) **2큰술**, 국간장(성처우, 27쪽 참조) **1큰술**, 백설탕 **2작은술**, 소금 약간, 식용유 **1큰술**

만들기

1 고추(항쟈오)는 씻어서 물기를 제거한다. 마늘은 잘게 다진 후 식초, 국간장, 백설탕, 소금과 한데 넣고 섞어 양념장을 만들어놓는다.

2 중간 불로 팬(웍)을 달군 후 고추를 넣는다. 고추의 양쪽 표면의 색이 변하면서 오글오글 주름이 지기 시작하면 팬에서 꺼내놓는다.

3 팬(웍)에 기름을 두르고 센 불에서 가열한다. 기름 온도가 180도 정도 되었을 때 다진 마늘, 두시를 넣고 볶아 향을 낸다. 여기에 ②에서 볶아놓은 항쟈오 고추를 넣고 고추 색이 완전히 변할 때까지 볶는다.

4 ③에 ①의 양념장을 넣고 볶는다. 국물이 졸아들어 걸쭉해지면 완성된 것이다.

가장 보편적인 조리 방법으로도 충분히 맛있게
매운 요리를 만들어낼 수 있다. 항쟈오 고추를 쓸 것인지,
다쪤쟈오 고추를 쓸 것인지는
기호에 따라 선택하면 된다.

후피항쟈오 虎皮杭椒 고추조림

커우수이지 口水鷄 구수계

재료

닭고기(싼황지, 23쪽 참조) 1/2마리, 생강(종자용)* 1조각, 대파 1토막(15g), 실파 1뿌리, 마늘 2쪽, 고수 1뿌리, 볶은 흰깨 조금, 굵은 고춧가루 2큰술, 굵은 산초가루 1큰술, 두시(더우츠, 27쪽 참조) 1작은술, 조미술 1큰술, 식초(상추, 32쪽 참조) 1큰술, 국간장(성처우, 27쪽 참조) 1큰술, 백설탕 2작은술, 소금 1작은술, 식용유 3큰술, 참기름 약간

* 종자로 쓰는 생강을 구강(모강), 종자에서 자라 새로 나온 생강은 원강이라 하는데, 중국에서는 구강이 약리적으로 훨씬 뛰어나다고 본다(역자).

만들기

1 닭고기는 깨끗이 씻고, 생강은 반은 편으로 썰고 반은 다져놓는다. 실파와 마늘도 각각 잘게 다져놓는다. 말린 두시도 잘게 다져놓는다. 고수는 깨끗이 씻어 길게 썰어놓는다.

2 냄비에 물을 가득 붓고 센 불에서 가열한다. 여기에 생강 편, 대파, 조미술, 소금, 닭고기를 넣고 10분 동안 끓인다. 불을 끄고 냄비 뚜껑을 열지 않은 상태에서 15분 동안 둔다. 닭을 꺼내 얼음물에 담가 식힌 후 건져서 물기를 닦아낸다. 물기를 닦은 닭고기에 참기름을 발라둔다.

3 식초, 국간장, 백설탕과 약간의 소금을 한데 섞어 간장 양념장을 만든다. 고춧가루, 산초가루는 섞어서 따로 그릇에 담아놓는다.

4 팬(웍)에 식용유를 두르고 센 불에서 가열한다. 기름 온도가 150도 정도 되었을 때 기름 1큰술을 떠내 고춧가루와 산초가루가 있는 그릇에 넣고 섞어준다. 이 그릇에 다져놓은 생강과 마늘, 두시를 넣는다. 팬을 계속 가열해 안의 기름 온도가 210도 정도가 되면 역시 이 그릇에 넣어 붉은 기름장을 만든다.

5 삶아놓은 닭을 큼직하게 썰어 큰 그릇에 담고, ③에서 만들어둔 간장 양념장을 붓는다. 여기에 ④에서 만든 붉은 기름장을 넣는다. 마지막으로 잘게 다진 파, 고수, 흰깨를 고명으로 얹는다.

새빨간 양념장에 담긴 신선하고 부드러운 닭고기 요리.
커우수이지('커우수이'는 침, 군침을 의미하므로, 군침 도는 닭 요리라는 뜻—역자)를
그냥 보고만 있어도 절로 군침이 돈다.

간귀차이乾鍋菜(간귀는 쓰촨에서 먹는 음식으로, 국물이 없거나 국물을 바특하게 조리하는 방법이다―역자)라고 불리는 요리에서는 그 어떤 재료도 주재료가 될 수 있다. 고기든, 채소든, 매운 음식이든, 뜨거운 요리든, 자신이 원하는 대로 만들 수 있다.

간귀투더우乾鍋土豆 감자볶음

재료

감자 1개, 삼겹살 50g, 홍고추 2개, 양파 1/2개, 마늘 2쪽, 생강 편 2쪽(10g), 풋마늘대 1뿌리, 두시(더우츠, 23쪽 참조) 2작은술, 고춧가루 1/2작은술, 산초 1작은술, 국간장(성처우, 27쪽 참조) 1큰술, 백설탕 1/2작은술, 식용유 2큰술

만들기

1 감자는 껍질을 벗겨 얇게 편으로 썰어 소금물에 5분 동안 담갔다가 꺼내 물기를 닦아둔다. 삼겹살도 편으로 썰어둔다. 홍고추는 작게 편으로 썰고, 양파는 채 썬다. 마늘과 생강은 작게 편으로 썰어두고, 풋마늘대도 편으로 썰어둔다.

2 팬(웍)에 식용유를 두르고 가열해 기름 온도가 150도 정도 되었을 때 썰어둔 마늘, 생강, 두시, 고춧가루, 산초를 넣고 타지 않도록 볶으며 재빨리 향을 낸다. 여기에 썰어 둔 삼겹살을 넣고 약한 불로 줄였다가 고기가 익어 약간 오그라들면 꺼내놓는다.

3 팬에 남은 기름을 센 불로 가열한다. 기름 온도가 180도 정도 되었을 때 감자를 넣고 볶는다. 감자 가장자리가 살짝 노르스름하게 눌면 볶아둔 삼겹살, 국간장, 백설탕을 넣고 재료가 골고루 섞이도록 볶는다.

4 여기에 썰어둔 홍고추와 풋마늘대를 넣고, 풋마늘대가 숨이 죽을 때까지만 볶는다. 새 팬에 약간의 식용유를 두르고 채 썬 양파를 간다. 양파 위에 볶은 감자와 삼겹살을 얹은 후 식탁에 낸다.

파오쟈오펑좌 泡椒鳳爪 파오쟈오 닭발

재료

닭발 6개, 매운 파오쟈오(매운 고추지, 21쪽 참조) 200g, 매운 고추(차오톈쟈오, 15쪽 참조) 2개, 대파 1토막(15g), 생강 편 5쪽(25g), 산초 1작은술, 말린 귤껍질 작은 1조각, 계피 작은 1조각, 월계수 잎 2장, 조미술 2큰술, 소금 2작은술, 얼음 설탕 1큰술, 백식초 1큰술, 끓여 식힌 물 적당량

만들기

1 냄비에 파오쟈오(고추지)의 국물을 따라 넣고, 여기에 생강과 적정량의 찬물, 얼음 설탕을 넣어 센 불에서 가열한다. 물이 끓기 시작하면 파오쟈오와 반으로 갈라놓은 매운 고추를 넣는다. 물이 끓으면 바로 불을 끄고, 소금을 넣어 서늘한 곳에 두고 식힌다.

2 닭발을 작게 토막 내 냄비에 넣은 후 찬물을 붓고 센 불에서 끓인다. 끓기 시작하면 5분 정도 더 끓인 후 닭발을 꺼낸다. 건져낸 닭발은 물에 여러 번 씻는다.

3 냄비에 물을 붓고 끓여 대파, 생강, 산초, 말린 귤껍질, 계피, 월계수 잎, 조미술, 삶은 닭발을 넣는다.

10분 정도 끓인 후 다시 닭발을 꺼내 씻은 뒤 식힌다. 이 단계에서는 닭발을 마지막으로 씻는 것이므로 끓여서 식혀놓은 물을 쓴다.

4 완전히 식은 파오쟈오 국물에 백식초를 넣고 골고루 섞는다. 이때 맛을 보며 자신의 입맛에 맞춰 새콤달콤한 정도를 조절하되, 평소 자신의 입맛보다 맛이 조금 더 강하게 나도록 만든다. 이렇게 만든 파오쟈오 국물을 식혀놓은 닭발에 붓는다. 이때 닭발이 완전히 잠길 정도로 부어야 한다. 밀봉해 냉장고에 넣어 하루 정도 두었다가 먹는다.

불그스름한 색이 돌지 않는다고 해서
전혀 맵지 않을 거로 생각하지 말자.
이 희멀건 파오쟈오펑좌('펑좌'는 봉황의 발가락이란 뜻으로
닭발을 가리킨다—역자)라는 요리는 눈물이 핑 돌게 맵다.

중국의 매운 음식이 모두 쓰촨과 후난 지역에서만 나온 것은 아니다. 쟈오둥膠東 지역 사람들 역시 매운 음식을 좋아한다. 그들은 신선해서 단맛이 도는 해산물을 고추와 함께 볶아 푸짐하게 먹는 라차오화쟈(라차오'는 매운맛이 나게 만든 볶음을 의미하고, '화쟈'는 바지락을 이르는 후산湖汕 지방의 방언이다─역자)의 애호가이기도 하다.

라차오화쟈辣炒花甲 매운 바지락볶음

재료

바지락 500g, 건고추 5개, 마늘 2쪽, 생강 편 1쪽, 고수 1뿌리, 조미술 1큰술, 국간장(성처우, 27쪽 참조) 1큰술, 식초(상추, 32쪽 참조) 1작은술, 굴소스 1작은술, 백설탕 2작은술, 식용유 1큰술, 참기름 약간

만들기

1 바지락은 깨끗이 씻어 참기름을 몇 방울 떨어뜨린 물에 3시간 이상 담갔다가 건진 후 여러 번 깨끗이 씻어놓는다. 건고추는 반으로 갈라놓고, 마늘은 편으로 썰어놓고, 고수는 길게 토막을 내놓는다.

2 팬(웍)을 기름을 두르지 않은 상태에서 센 불로 가열해 연기가 피어오르면 바지락을 넣고 볶는다. 바지락이 입을 벌리고 바지락에서 나온 물이 거품을 내며 끓기 시작하면 조개를 꺼낸다.

3 새 팬(웍)에 기름을 두르고 가열한다. 기름 온도가 180도 정도 되었을 때 건고추, 마늘, 생강을 넣고 타지 않도록 볶으며 재빨리 향을 낸다. 여기에 조미술, 국간장, 식초, 굴소스, 백설탕을 넣어 골고루 섞는다. 마지막으로 익혀놓은 바지락을 넣고 재료가 섞이도록 신속하게 볶는다. 접시에 조개와 양념, 조개 국물까지 듬뿍 담아낸 후 고수를 올려 마무리한다.

매운맛 그리고 소스　글 | 판칭

사전에서 열랄熱辣이라는 단어의 뜻을 찾아보면, '원래는 문장이 날카롭고 자극적인 것을 비유하는 말'이라는 설명을 볼 수 있다. 그런데 대체 언제부터 이런저런 매운맛을 상상해내도록 이 단어가 지닌 의미의 외연이 확대된 것일까? 그러니까 내가 하고 싶은 말은, '열나게 매운' 열랄장熱辣醬으로 누가 봐도 열정적이면서도 화끈한 성찬을 만들어보자, 이거다!

인터넷 시대인 요즘 새로운 단어들이 쏟아져 나오고 있다. 인터넷에서 등장한 '라머辣麼' '지우쟝쯔就醬紫' '지우쟝就醬'과 같은 단어들은 단숨에 유행어로 자리 잡았다. 이와 같은 단어들을 모르면 사람들과 교류도 할 수 없는 지경이다. 대충 알아보니 '라머'는 원래 후난 지역 사투리이고, '지우쟝'은 푸젠 난핑南平 지역의 사투리다('맵다'라고도 해석할 수 있는 '라머'는 '그렇다면'이라는 뜻을 지닌 '나머那麼'의 사투리 발음이며, 뜻이 '장醬'과 연관된 듯한 '지우쟝就醬'은 '이렇게 하다'라는 뜻을 지닌 '지우저양就這樣'의 사투리 발음이다—역자). 인터넷에서 유행하는 말이지만 출처는 있었던 것이다. 그렇다면 "라머, 지우쟝바辣麼就醬吧!" 함께 맛나고 매운 장의 세계로 떠나볼까.

고추라는 식물은 개성이 대단히 강할 뿐만 아니라 품종도 다양하다. 맛은 자극적이며, 이것으로 만들 수 있는 음식의 가짓수는 대단히 많다. 다시 말해 고추는 전 세계 사람들로부터 많은 사랑을 받는 음식 재료 가운데 하나다. 고고학자들은 고추를 기원전 5,000년경부터 중남미 지역 사람들이 먹기 시작했으며, 인류가 재배한 최초의 작물 중 하나일 것으로 생각한다. 고추가 중국으로 유입된 시기는 지금으로부터 그리 오래되지 않았다. 일설에는 명나라 때라고 하며, 중국 일부 지역에서만 고추를 먹었다고 한다. 사료에서는 구이저우와 후난 일대에서 고추를 먹기 시작한 때가 청나라 건륭 황제 때라는 기록이 등장한다. 이렇게 살펴보니 고추는 여러 작물 중 중국인에게 가장 늦게 유입된 작물에 속하지만 오히려 가장 깊숙이 파고든 작물이며, 동시에 중국에서 상당히 광범위하게 영향력을 행사하고 있는 향신채임을 알 수 있다.

그렇다면 고추는 어떻게 전 인류에게 사랑받게 되었을까? 이는 전적으로 고추에 함유된 캡사이신이라는 성분 덕분이다.

캡사이신은 맛봉오리를 자극해 '타는 듯한 열감'을 느끼게 하며, 이 느낌은 다른 맛이 주는 그 어떤 감각보다도 강렬하다. 게다가 매운맛은 혀에 있는 맛봉오리의 민감도를 크게 끌어올려 준다. 그래서 매운맛을 먹으면 자연스레 음식이 더 맛있게 생각되는 것이다. 엄밀히 말해, 매운맛은 사실 미각이 아닌 통각을 통해 느낀다. 바꾸어 말하자면, 매운맛을 섭취하면 기분이 좋아지는 이유는 모두 통증 때문이다.

인류가 매운맛을 좋아하는 건 군말이 필요 없을 정도다. 게다가 지구인들은 고추를 이용해 각양각색의 매운 장과 소스를 만들고 있다. 저마다 다른 품종의 고추로, 저마다 다른 방식으로, 저마다 다른 재료를 첨가하며 말이다.

전 세계에 얼마나 많은 품종의 고추가 장과 소스를 만드는 데 활용되는지는 정확히 통계가 없어서 잘 모르겠다. 다만 우리가 알 수 있는 사실은, 인간은 고추로 장과 소스를 만드는 작업을 멈춘 적이 없으며, 계속해서 앞으로 나아가고 있을 뿐이란 점이다.

튀니지 공화국의 '하리사Harissa'라고 불리는 고추장은 전 세계적으로 가장 빨리 빠져들게 되는 매운 소스 중 하나라고 한다. 튀니지의 거의 모든 가정에서는 고추와 토마토로 고추장을 담근다. 이 장은 그 자체만으로도 입맛을 돋우는 전채 요리로 활용된다. 그리고 튀니지에서는 하리사의 맵기가 아내의 남편을 향한 애정도 지표로 여겨진다는 이야기도 있다.

미국식 고추장 타바스코소스는 아마도 대개는 미국의 피자헛을 통해 처음 접하게 될 것이다. 타바스코소스에도 재미있는 탄생 비화가 있다. 타바스코소스를 만든 사람은 뉴올리언스의 은행가였던 에드먼드 매킬레니Edmund Mcllhenny다. 그는 1940년대에 타바스코 고추 맛에 푹 빠져 직접 밭을 일궈 고추 재배를 시작했다. 게다가 이 고추로 만든 소스로 그는 무려 대공황 시기에 막대한 부를 벌어들였다. 지금까지도 타바스코소스는 전 세계적으로 가장 많이 팔리는 고추장, 즉 고추소스의 자리를 지키고 있다.

매운맛의 극치를 추구하기 위해 인류는 쉼 없이 내달렸다. 어쩌면 이는 강박증일 수도 있다. 2007년 '세계에서 가장 매운 고추'는 인도에서 생산된 '부트 졸로키아Bhut Jolokia'였다. 2011년 세계에서 가장 매운 고추에 등극한 것은 영국의 '인피니티 고추Infinity Chilli'였다. 2012년에는 마찬가지로 영국에서 생산된 '나가 바이퍼Naga Viper'가 인피니티를 꺾고 1위에 올라섰다.

그리고 2013년에도 매운맛 순위에 새로운 역사가 된 고추가 탄생했다. 바로 미국의 '캐롤라이나 리퍼Carolina Reaper'가 새로운 승자가 되었다. 이 고추들은 중국에서 매운 고추로 통하는 차오텐쟈오 고추보다 맵기가 40배나 강하다고 한다. 그런데 차오텐쟈오 고추 정도의 매운맛으로는 성에 차지 않았는지, 앞서 언급한 네 종류의 고추도 모두 고추 소스, 즉 고추장으로 만들어졌다. 정말로 고추장으로 만들어졌다. 게다가 이 고추장을 경험해본 해외 누리꾼들은 '매운 거로 장난치다가 숨도 심장도 멎을 수 있어요. 지금 고추장 묻은 숟가락을 씻어냈는데, 매워서 눈물범벅이 되었어요' '이렇게 매운 고추장을 한 숟가락 가득 떠먹는다면, 병원에 가고 말 거예요!'와 같은 무시무시한 평가를 내놓기도 했다.

매운맛이 두렵지 않다면, 인터넷 쇼핑으로 구매할 수 있으니, 어디 한번 도전해보기 바란다! 그런데 정상적인 사람이라면, 그냥 다음 페이지로 넘어가 주었으면 좋겠다.

샹라뉴러우쟝 香辣牛肉醬 샹라 우육장

매운 새우볶음
매콤한 으깬 감자

중국에서 보급률이 가장 높은 '쟝醬'을 꼽으라면, 바로 샹라뉴러우쟝이다. 이는 의심할 여지가 없는 사실이다. 일등공신은 바로 고추장의 품격을 끌어올려 준 '숨어있는' 쇠고기 알갱이다. 샹라뉴러우쟝을 떠서 입에 넣으면, 가장 먼저 향을 느낄 수 있다. 쇠고기에 스며든 다양한 향신료에서 나는 향이다. 작은 쇠고기 알갱이가 모든 향신료의 맛을 고스란히 품고 있다. 그다음에 치고 올라오는 것이 매운맛이다. 사실 입안에서 쇠고기 입자를 제대로 느낄 수 있는 것은 아니지만, 그런데도 쇠고기의 맛을 고스란히 느낄 수 있다. 바로 이 점이 샹라뉴러우쟝을 독특한 고추장으로 만들어주었다. 샹라뉴러우쟝은 면, 채소, 쌀밥 등에 비벼 먹든, 양념장이나 만두소 등에 넣어 먹든, 어떻게 먹어도 맛있고 맛이 잘 어우러진다. 그야말로 다른 음식들과의 궁합이 신의 경지에 다다라있는 고추장이다. 어느 브랜드를 쓰냐고? 그건 비밀이다!

매운 새우볶음

재료

대하(靑蝦, 칭샤)* 10마리, 샹라뉴러우장 1큰술, 생강 편 5쪽(25g), 대파 1토막(15g), 건고추 약간, 산초 약간, 국간장(성처우, 27쪽 참조) 1큰술, 식초 2작은술, 조미술 1큰술, 백설탕 1큰술, 식용유 약간

* 저자는 칭샤(청새우)를 사용했는데, 칭샤는 중국에서 흔히 볼 수 있는 대형 민물 새우다(역자).

만들기

1 새우 등을 갈라 내장을 빼고, 조미술 약간과 생강을 넣어 15분 동안 재운다. 대파와 건고추는 적당한 크기로 썬다.

2 팬에 약간의 기름을 두르고 산초와 건고추를 넣고 볶아 향을 낸다. 향을 낸 후에는 산초와 건고추는 빼놓는다. 이 팬에 다시 생강 조각을 넣고 볶아 향을 내고, 여기에 샹라뉴러우장, 국간장, 백설탕을 넣어 골고루 섞이도록 볶는다. 볶은 양념에 대하를 넣고 볶다가 대하 색이 변하면 대파를 넣고 센 불에서 빠르게 볶는다. 팬에서 꺼내기 전에 식초를 살짝 뿌려 마무리한다.

매콤한 으깬 감자

재료

감자(중간 크기) 1개, 버터 10g, 샹라뉴러우장 2큰술, 백후춧가루 약간, 소금 약간

만들기

1 감자 중간에 칼집을 낸다. 이때 칼을 너무 깊게 찔러 넣지 않는다. 냄비에 물을 붓고 감자를 넣고 익힌다.

2 익은 감자를 꺼내 물기를 말린 후, 아직 뜨거울 때 껍질을 벗겨 숟가락으로 으깬다.

3 으깬 감자에 부드럽게 녹은 버터, 백후춧가루, 소금을 넣고 골고루 섞는다.

4 마지막으로 ③의 감자 위에 샹라뉴러우장을 뿌려주면 완성이다. 만약 으깬 감자의 맛을 더 깔끔하면서도 진하게 만들고 싶다면, ③에서 휘핑크림을 함께 넣어 섞어주면 된다.

피셴더우반 郫縣豆瓣 피셴 두반장

콜리플라워 두반장볶음
연근두반장볶음

쓰촨 요리 중 거의 절반 이상에 두반장이 들어간다. 쓰촨 대표 요리인 새빨간 빛깔의 마라훠궈麻辣火鍋를 만들 때도 기본 재료로 쓰인다. 이 두반장 가운데서도 피셴 지역의 두반장인 피셴더우반은 '쓰촨의 영혼'으로 불린다(피셴. 즉 비현郫縣이라는 지역 명을 붙여 명명했다—역자). 그리고 두반장豆瓣醬이라는 이름을 통해 고추 외에 다른 주요 재료로 신선한 잠두蠶豆(잠두콩 · 누에콩 · 작두콩 등 다양한 이름으로 불린다—역자)가 들어간다는 사실도 알 수 있다. 이 잠두들은 붉은 장 안에서 매운맛을 한껏 품고 있으면서, 자신이 지닌 맛도 잘 간직하고 있다. 그래서 매운맛으로만 경쟁하지 않는 피셴 두반장의 독특한 매력을 잘 드러내주고 있다.

콜리플라워 두반장볶음

재료

콜리플라워 300g, 삼겹살 50g, 파슬리 2뿌리, 파 작은 1토막(10g), 마늘 1쪽, 건고추 5개, 산초 10알, 생강 편 2쪽(10g), 월계수 잎 1장, 두반장(피셴더우반) 1큰술, 소금 약간, 궁간장(성처우. 27쪽 참조) 1큰술, 백설탕 1작은술, 식용유 1큰술

만들기

1 삼겹살은 물로 깨끗이 씻어 물기를 닦아내고, 얇게 포를 떠놓는다. 파, 마늘은 편으로 썰고, 건고추는 손으로 부스러뜨려놓는다.

2 콜리플라워를 작은 송이로 잘라 깨끗이 씻고 물기를 제거한다. 파슬리는 씻어 작게 토막을 낸다. 피셴 두반장은 칼로 다져놓는다.

3 팬에 약간의 기름을 두르고 삼겹살을 넣고 약한 불로 볶는다. 삼겹살에서 기름이 녹아 나오면 고기를 팬에서 꺼내놓는다.

4 다진 두반장을 삼겹살 기름이 있는 팬에 넣고 볶아 붉은색의 기름장을 만든다. 여기에 건고추, 산초, 월계수 잎을 넣고 볶다가, 편으로 썰어놓은 파, 마늘, 생강을 넣고 향을 낸다. 다시 콜리플라워를 넣고 센 불로 4분 동안 볶는다. 콜리플라워가 색이 변하고 연해지면, 볶아놓은 삼겹살, 토막 낸 파슬리, 궁간장, 백설탕, 소금을 넣고 재료가 골고루 섞이도록 볶는다.

연근두반장볶음

재료

연근 1마디, 파 적당량, 건고추 4개, 생강 편 2쪽(10g), 두반장(피센더우반) 1큰술, 국간장(성처우.
27쪽 참조) 1큰술; 노두유(라오처우. 27쪽 참조) 1작은술, 소금 약간, 설탕 약간, 식용유 1큰술

만들기

1 연근은 깨끗이 씻어 껍질을 벗기고 작게 깍둑썰기 한다. 끓는 물에 넣어 10초 정도 데친
   후 꺼내 물기를 제거한다.

2 파는 잘게 다지고, 피센 두반장도 잘게 다져둔다.

3 팬에 기름을 두르고 잘게 다진 파와 토막 낸 건고추, 생강을 넣어 타지 않게 볶으며 재빨
   리 향을 낸다. 여기에 다시 피센 두반장을 넣어 붉은색의 기름장을 만든다.

4 깍둑썰기 한 연근을 넣어 1분 정도 볶다가 국간장, 노두유, 소금, 설탕을 넣어 간이 고루
   배일 때까지 잠시 더 볶는다.

뒈쟈오 & 뒈라쟈오쟝 剁椒&剁辣椒醬 다진 고추지 & 다진 고추지장

뒈쟈오 팽이버섯찜
뒈쟈오반피단

잘게 다진 고추로 만든 고추지, 즉 뒈쟈오가 후난 지역 요리를 완성시킨 걸까? 아니면 후난 지역의 요리가 이 고추지를 유명하게 만든 걸까? 이와 같은 궁금증을 풀어줄 자료는 찾지 못했다. 하지만 뒈쟈오와 생선 대가리로 만든 뒈쟈오위터우(뒈쟈오 생선머리찜, 30쪽 참조)라는 요리 이름만으로도 중국인들은 모두 이 요리가 후난 지역 음식임을 금세 알아차린다. 그런데 후난 지역에서 뒈쟈오보다 활용도가 훨씬 높은 소스가 있다. 바로 뒈라쟈오쟝이다. 후난 지역의 거의 모든 가정에서는 가을마다 뒈라쟈오쟝을 만든다. 새빨갛게 익은 고추를 잘게 다져 소금, 마늘, 생강을 넣고 골고루 섞은 후 이것을 용기에 넣고 한 달가량 밀봉해둔다. 그리고 겨울이 오면 이 고추장을 직접 쌀밥에 얹어 비벼 먹거나, 찜과 볶음 요리를 만들 때 넣는다. 그러면 뒈라쟈오쟝에서 나오는 신선한 맛, 매운맛, 짭조름한 맛이 입안을 개운하게 해준다. 뒈라쟈오쟝이라고 부르는 이 고추장은 뛰어난 융화력을 지니고 있다. 다시 말해, 생선이든, 배추든, 그 어떤 음식 재료와 조합을 하더라도 맛이 잘 어우러진다.

둬쟈오 팽이버섯찜

재료

팽이버섯 300g, 둬쟈오(다진 고추지) 4작은술, 정위구유(蒸魚 鼓油. 생선찜용 간장 소스) 3작은술, 실파 2뿌리, 식용유 1큰술

만들기

1 팽이버섯은 먼저 뿌리 부분을 잘라내고 깨끗이 씻는다.
   팽이버섯에 묻은 물기를 제거하고 접시에 가지런히 깐
   다. 팽이버섯 위에 둬쟈오를 뿌린다.

2 찜기에 물을 넣고 센 불로 끓인다. 물이 끓어 김이 오르면
   ①의 접시를 찜기 안에 넣고 5분 동안 찐다. 찜기에서 꺼
   내 한 김 식힌 후 접시에 생긴 국물을 따라낸다.

3 실파를 잘게 다져 둬쟈오 위에 올리고 정위구유소스를
   뿌린다.

4 팬에 기름을 넣는다. 기름 온도를 270도 정도까지 가
   열한 후 팽이버섯 위에 뿌려 마무리한다.

둬쟈오반피단

재료

송화단(皮蛋. 피단)* 2개, 둬쟈오(다진 고추지) 2큰술, 실파 1뿌
리, 고수 1뿌리, 마늘 1쪽, 간장(醬油. 장유)** 1작은술, 익힌
땅콩·흰깨 약간씩, 홍유(紅油. 홍유)*** 1큰술, 식용유 1큰술

* 피단은 삭힌 오리알로 송화단으로도 불린다(역자).

** 장유는 콩과 밀을 함께 넣어 만든 중국식 간장이다(역자).

*** 홍유는 붉은 기름장으로 고추를 넣어 만들기 때문에 붉은
색과 매운 향을 가지고 있다. 고추 외에 홍고추가 든 두반장을
넣기도 하며, 파, 마늘 등을 넣어 맛을 내기도 한다(역자).

만들기

1 송화단은 껍데기를 벗기고 세로로 적당히 등분해 자른
   다. 이것을 접시에 꽃 모양처럼 둥글게 깐다.

2 실파, 고수, 마늘은 깨끗이 씻어 물기를 닦아낸 후 잘게
   다져놓는다.

3 땅콩을 으깨어 접시 위에 깔아놓은 송화단 위에 뿌린다.

4 팬에 식용유를 두르고 센 불에서 150도 정도로 가열한
   다. 여기에 둬쟈오와 다진 마늘을 넣고 볶아 마늘이 노
   릇노릇해지면 송화단 위에 올린다.

5 둬쟈오와 마늘 위에 흰깨, 다진 실파, 고수를 고명으로
   얹는다. 마지막으로 먹기 전에 약간의 홍유와 간장을
   넣어 버무리면 된다.

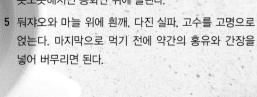

황덩룽쟈오쟝

黃燈籠椒醬 황등롱초고추장

황등롱초고추장맛조개볶음
쇠고기팽이버섯탕

황덩룽쟈오쟝(황덩룽라쟈오쟝이라고도 부르며, 노란색 덩룽쟈오 고추를 짓찧어서 소금과 마늘 등을 넣어 발효시켜 만든 장으로, 중국 하이난 지역 음식이다—역자)의 색상은 선명한 노란색이어서 마치 황제의 음식과도 같은 기품이 있다. 그런데 노란색을 띠다 보니 사람들은 이 고추장이 매울 거란 생각은 전혀 하지 못한다. 실은 엄청나게 매운데도 말이다. 입에 넣는 순간 매운맛이 목구멍까지 훅 치고 들어온다. 하지만 가만히 음미하다 보면, 절대 매운맛 때문에 사레들릴 일은 없다. 오히려 황덩룽쟈오쟝만의 독특한 향과 맛을 느낄 수 있다. 맛있고 색상까지 아름다운 황덩룽쟈오 고추가 만들어낸 이 장은 여러 요리에 활용할 수 있다. 특히 고급스러운 색상의 진탕金湯(노란색이 나도록 만든 국물 음식으로 생선이나 고기를 삶아 누르스름한 색이 돌도록 하거나, 노란색을 내주는 재료를 첨가해 만든다—역자)을 만들 때 유용하게 쓸 수 있다.

황등롱초고추장맛조개볶음

재료

맛조개 500g, 하이난 황덩룽쟈오쟝 2큰술,
실파 5뿌리, 생강 편 5조각(25g), 마늘 5쪽,
조미술 1큰술, 소금 약간, 식용유 1큰술

만들기

1 맛조개는 깨끗이 씻어 맑은 물에 반나절 동안 담가놓는다. 이때 조개 해감을 위해 물에 기름을 몇 방울 떨어뜨려도 된다.

2 실파는 길게 토막 내고, 생강과 마늘은 편으로 썰어둔다.

3 팬에 기름을 두르고 센 불에서 가열한다. 기름 온도가 180도 정도 되면 실파, 생강, 마늘을 넣고 재료가 타지 않도록 볶으며 재빨리 향을 낸다. 여기에 황덩룽쟈오쟝을 넣고 볶다가 맛조개를 넣고 볶는다. 조미술을 넣어 재빨리 볶으면서 비린내를 날린다. 조개가 입을 벌릴 때까지 조금 더 볶다가 적당량의 소금을 넣고 골고루 섞어준다.

쇠고기팽이버섯탕

재료

지방이 섞인 쇠고기 롤(얇게 썬 차돌박이나 우삼겹) 250g, 팽이버섯 1줌, 생강 편 1쪽(5g), 마늘 1쪽, 풋고추·홍고추(메이런쟈오. 14쪽 참조) 적당량씩, 황덩룽쟈오장 2큰술, 매운 파오쟈오(매운 고추지. 21쪽 참조) 국물 100mL, 육수(돼지고기나 닭고기 국물) 250mL, 소금 약간, 식용유 1큰술

만들기

1 팽이버섯은 깨끗이 씻어 물기를 제거한 후 끓는 물에 넣고 데친다. 이때 팽이버섯을 데치는 물에는 식물성 기름을 몇 방울 떨어뜨린다.

2 다른 냄비에 물을 끓인다. 끓는 물에 쇠고기를 담갔다가 색이 변하면 꺼내놓는다.

3 생강과 마늘은 깨끗이 씻어 다지고, 풋고추와 홍고추는 편으로 썬다.

4 넓고 큰 그릇 바닥에 익혀놓은 팽이버섯을 깐다.

5 팬에 식용유를 두르고 가열한다. 기름 온도가 210도 정도 되었을 때 다진 생강과 마늘, 썰어놓은 홍고추와 풋고추를 넣고 타지 않도록 볶으며 재빨리 향을 낸다. 황덩룽쟈오장을 넣고 10초 정도 볶다가 육수를 붓고, 약간의 소금을 넣어 간을 한다. 여기에 익혀놓은 쇠고기와 파오쟈오 국물을 넣고 잠깐 끓인다.

6 팬에서 쇠고기를 꺼내 그릇에 담긴 팽이버섯 위에 얹고, 국물을 부어 마무리한다.

한국 고추장

부대찌개
닭날개고추장구이

일부 미식가들은 한국의 고추장을 무시한다. 그리고 맵느니 안 맵느니 하면서 쳇바퀴 돌 듯 입씨름한다. 확실히 그럴 수밖에 없는 게, 중국에서 시판하는 한국 고추장을 살펴보면 제조 과정에서 사과나 배와 같은 과일이 많이 들어가 있다. 그래서 한국 고추장에서는 과 일처럼 가벼운 단맛이 난다. 그런데 사실 한국 고추장은 종류가 매우 많을 뿐만 아니라 대 단히 매운맛을 지닌 것도 있기 때문에 절대 한가지로 뭉뚱그려 이야기할 수 없다. 한국 고 추장은 여러 종류의 음식에 쓰인다. 한국에서 매우 유명한 음식인 부대찌개를 만들 때도 바 로 이 고추장이 필요하다.

부대찌개

재료

고추장 4큰술, 신라면 1봉, 저민 스팸 4장, 프랑크 소시지 1개, 게맛살 5개, 주키니 호박 30g, 떡 국용 떡 80g, 팽이버섯 1줌, 양파 1/2개, 김치 80g, 달걀 1개, 체다치즈 30g, 국간장(성처우, 27쪽 참조) 1작은술, 참깨 약간, 육수 적당량

만들기

1 양파는 깨끗이 씻어 편으로 썰고, 김치와 함께 냄비 아랫부분에 깐다.

2 신라면 수프는 고추장과 함께 섞어둔다.

3 스팸, 프랑크 소시지, 게맛살, 주키니 호박은 편으로 썰고, 팽이버섯은 깨끗이 씻어둔다.

4 차례대로 스팸, 프랑크 소시지, 게맛살, 주키니 호박, 팽이버섯, 떡을 냄비 안에 깔고, 재료 사 이사이에 ②에서 만든 고추장 양념장을 넣는다. 닭고기나 돼지고기 육수를 찰랑하게 붓고 국 간장으로 간을 맞춰 끓인다.

5 국물이 끓어오르면 라면을 올리고 그 위에 체다치즈를 얹은 후 중간 불에서 2분 정도 더 끓 인다. 체다치즈가 녹으면 달걀 하나를 깨서 얹고 참깨를 뿌린다. 불을 끈 상태에서 뚜껑을 덮 고 잠시 뜸을 들인다.

닭날개고추장구이

재료

닭 날개 8개, 고추장 4큰술, 소금·흑후춧
가루 약간씩, 백설탕 2작은술, 노두유 (라
오처우, 27쪽 참조) 1큰술, 조미술 1큰술, 꿀
약간

만들기

1 닭 날개를 깨끗이 씻어 물기를 닦아낸
   후 고추장, 소금, 흑후춧가루, 백설탕,
   노두유, 조미술을 넣고 섞어 24시간
   동안 재운다. 양념에 재우는 중간중간
   닭 날개를 손으로 주물러주면 고기 안
   으로 양념이 더 잘 스며든다.

2 오븐용 팬에 조리용 종이 포일을 깔고
   닭 날개를 펼쳐놓는다. 그리고 윗면에
   꿀을 발라준다.

3 150도로 예열한 오븐에 닭 날개를 넣고
   총 40분 정도 구워준다. 중간에 닭 날개
   를 뒤집어주어야 하며, 이때 다시 위쪽
   으로 올라온 부분에 꿀을 발라준다.

일본식
와사비장

와사비장을 곁들인 연어구이

일본식 퀴노아
닭가슴살 샐러드

겨자는 어떤 사람에게는 '두통을 유발하는 재난'과도 같은 존재다. 입에 넣으면 매운맛이 단숨에 머리끝까지 치고 올라가 눈과 콧구멍이 '와사비 먹은 티'를 내기 때문이다. 하지만 매운맛이 주는 고통 뒤로 이내 상쾌함이 밀려온다. 이와 같은 이유로 사람들은 와사비장과의 첫 대면식에서 찌르는 듯한 고통을 통과의례처럼 거친다. 그런데도 이 매운맛을 지닌 와사비장은 매우 다양한 음식에 활용되고 있다. 요리사들은 와사비장을 메밀 면에 곁들이기도 하고, 식욕을 자극하기 위해 샐러드드레싱을 만들 때 소량 사용하기도 한다. 와사비장을 너무나 좋아하는 일부 사람들은 이것을 빵에 발라 먹기도 한다.

와사비장을 곁들인 연어구이

재료

연어 필렛 1토막, 소금 약간, 휘핑크림 2큰술, 와사비장 적당량, 박하 잎 2장, 올리브유 1큰술

만들기

1 연어 필렛 위에 소금을 뿌려 10분 동안 재운다.

2 바닥이 납작한 팬을 센 불에서 가열한다. 팬에서 연기가 나면 올리브유를 두른 후 연어를 껍질이 아래쪽으로 가도록 올려놓고 약한 불로 바꾸어 3분 동안 굽는다. 연어를 뒤집어서 반대쪽을 3분 동안 더 굽는다.

3 휘핑크림을 연어 위에 끼얹은 후 잠시 더 굽는다. 연어가 다 익으면 접시에 올린 뒤, 연어 위에 와사비장을 짜서 올려주고, 마지막으로 박하 잎으로 장식한다.

일본식 퀴노아 닭가슴살 샐러드

재료

닭 가슴살 200g, 퀴노아 1/2컵, 완두콩 1움큼, 오이 1개, 당근 1뿌리, 방울토마토 10개, 소금 약간, 흑후춧가루 약간, 일본식(와후) 샐러드 식초 2큰술, 와사비장 1/2작은술, 올리브유 1큰술

만들기

1 닭 가슴살은 깨끗이 씻은 후 젓가락으로 중간중간 찔러서 구멍을 낸다. 적당하게 썰어 약간의 소금과 흑후 춧가루를 넣고 양념해 2시간 동안 재운다.

2 넓은 팬을 가열한 후 올리브유를 두르고 닭 가슴살을 굽는다. 고기 색이 노르스름하게 익으면 팬에서 꺼낸 다. 고기가 식으면 손으로 잘게 찢어둔다.

3 냄비에 물을 넣고 끓여 퀴노아를 넣고 약 12분 동안 익힌다. 익은 퀴노아를 꺼내 물기를 제거해둔다.

4 냄비 안에 맹물을 넣고 끓이다가 완두콩을 넣어 익힌다. 완두콩이 익으면 냄비에서 꺼내 물기를 제거해둔다.

5 오이, 당근, 방울토마토를 깨끗이 씻어 물기를 제거한다. 오이는 작게 깍둑썰기 하고, 당근은 채 썰고, 방울토 마토는 반으로 갈라둔다. 이 세 가지 채소를 큰 그릇에 넣고, 채소 위에 삶은 퀴노아, 잘게 찢은 닭고기를 얹 는다.

6 다른 작은 그릇에 와사비장과 와후 샐러드 식초를 넣고 섞어 소스를 만든다. 이 소스를 ⑤의 닭고기 샐러드 에 곁들인다.

태국
똠얌꿍소스

똠얌꿍 새송이버섯구이
똠얌꿍 해산물볶음밥

똠얌꿍소스는 태국 요리에서 독보적인 위치를 차지하고 있다. 그리고 태국 요리를 처음 접하는 절대다수의 사람들이 가장 먼저 선택하는 요리도 대개는 똠얌꿍소스가 든 음식이다. 똠얌꿍소스는 신맛과 매운맛이 섞여 있으며, 그래서 맛이 매우 독특하다. 게다가 이 소스에서 나는 신맛은 그 어떤 식초에서도 찾아볼 수 없는 특이한 맛이다. 똠얌꿍소스에서 신맛은 깔끔하고 상쾌한 기분을 느끼게 해주는데, 이는 매운맛이 주는 충격을 어느 정도 완화하는 역할을 한다. 그 덕분에 똠얌꿍소스의 맛은 더욱 함축적이고 강력한 포용력을 지닐 수 있게 되었다. 이 점은 해산물로 만든 똠얌꿍 수프뿐만 아니라 똠얌꿍 볶음밥만 보아도 잘 알 수 있다. 만약 똠얌꿍 수프를 끓이려 한다면, 잊지 말고 코코넛밀크를 넣기 바란다. 코코넛밀크는 음식의 맛을 훨씬 부드럽고 풍부하게 만들어주는 역할을 하는데, 똠얌꿍소스로 만든 음식도 맛을 더욱 진하고 풍미 있게 만들어준다.

똠얌꿍 새송이버섯구이

재료

새송이버섯 400g, 똠얌꿍소스 10g, 굴소스 2작은술, 커민 약간

만들기

1 새송이버섯은 깨끗이 씻어 얇게 편으로 자른다. 여기에 똠얌꿍소스와 굴소스를 골고루 양념해 30분 동안 재운다.

2 재운 새송이버섯을 알루미늄 포일을 깐 오븐용 팬 위에 가지런히 깔고, 이 위에 약간의 커민을 골고루 뿌린다.

3 새송이버섯을 깔아놓은 팬을 170도로 예약한 오븐에 넣고 15분 동안 굽는다.

똠얌꿍 해산물볶음밥

재료

찬밥 1그릇, 똠얌꿍소스 2큰술, 바다 새우 살 50g, 달걀 1개, 완두콩·옥수수(사탕옥수수) 알갱이 약간씩, 소금 약간, 라임 1/2개, 식용유 2큰술

만들기

1 작은 냄비에 물을 끓인다. 물이 끓으면, 완두콩을 넣고 색이 변할 때까지 익힌다.

2 팬(웍)에 식용유를 두르고 센 불에서 가열한다. 기름 온도가 150도 정도 되었을 때 새우 살을 넣고 색이 변할 때까지 볶은 뒤 팬에서 꺼내놓는다.

3 팬에 남아있는 기름에 달걀을 풀어 넣고 몽글몽글 작은 알갱이가 되도록 계속 저어주며 익힌다. 다 익은 달걀도 팬에서 꺼내놓는다.

4 팬에 다시 기름을 약간 두르고 똠얌꿍소스를 넣고 약한 불에서 볶으며 향을 낸다. 여기에 찬밥을 넣어 소스가 골고루 입혀지도록 볶다가 완두콩과 옥수수 알갱이를 넣고 옥수수가 익을 때까지 볶는다.

5 마지막으로 ②의 새우 살과 ③의 달걀, 그리고 약간의 소금을 넣고 골고루 섞이도록 볶는다. 완성된 볶음밥을 그릇에 담은 후 라임즙을 살짝 뿌려 마무리한다.

미국
타바스코소스

멕시코식 타코 샐러드
매운 양념풋콩

타바스코소스는 역사가 있는, 그리고 재미있는 사연이 가득 담긴 소스다. 타바스코소스는 우주인과 함께 지구 밖에도 나갔으며, 미국 군인들과 함께 세계 여러 지역을 누볐다. 또한 힐러리 클린턴에게는 립스틱, 향수 등과 함께 가방 안에 꼭 넣고 다니는 필수품이다. 타바스코소스는 '장醬'이라고 하기에는 농도가 묽은 편이며, 매운맛뿐만 아니라 약간 새콤하고 달콤한 맛도 있다. 그래서 미국식 생선튀김, 닭고기튀김, 채소튀김 등의 요리에 잘 어울린다.

멕시코식 타코 샐러드

재료
멕시코 타코 200g, 방울토마토 5개, 미니 양파(설롯) 1개, 아보카도 1/2개, 타바스코소스 1작은술, 소금 약간, 토마토소스 1큰술, 타임 적당량

만들기
1 방울토마토와 미니 양파는 깨끗이 씻어 잘게 잘라둔다.
2 아보카도는 씨앗을 제거하고 과육만 발라내 으깨놓는다.
3 잘라둔 방울토마토와 미니 양파, 으깬 아보카도, 타바스코소스, 소금, 토마토소스, 타임을 그릇에 넣고 골고루 섞어 드레싱을 만든다. 타코를 먹을 때 이 드레싱에 찍어 먹는다.

매운 양념풋콩

재료
풋콩 500g, 마늘 5쪽, 타바스코소스 2작은술, 산초기름 1작은술, 식초 1큰술, 소금 1큰술, 간장(장유, 51쪽 참조) 1작은술, 설탕 1큰술, 식용유 약간

만들기
1 풋콩은 양쪽 꼭지를 잘라내고 깨끗이 씻어 물기를 제거한 후 소금을 넣어 골고루 버무려 1시간 동안 재워둔다. 마늘은 잘게 다진다.
2 냄비에 물을 붓고 기름 몇 방울을 넣어 끓인다. 끓는 물에 손질한 풋콩을 넣고, 뚜껑을 덮지 않은 상태에서 센 불로 5분 동안 삶는다. 다 익은 풋콩은 냄비에서 꺼내 신속히 찬물에 담근다.
3 잘게 다진 마늘, 타바스코소스, 산초기름, 식초, 소금, 장유 간장, 설탕을 그릇에 넣고 골고루 섞어 양념장을 만든다. 이 양념장을 물기를 제거한 풋콩 위에 뿌린다. 먹을 때 풋콩에 양념이 골고루 묻도록 잘 섞어준다.

인도
옐로우 커리

옐로우 커리 홍합찜
옐로우 커리 피시 볼

모두 알다시피 커리는 인도를 포함한 남아시아 국가에서 기원했다. 그런데 이들 국가에는 아예 '커리'라는 단어가 없다. Curry라는 단어를 만든 나라는 영국이다. 유명 서적인 《옥스퍼드 음식 안내서The Oxford Companion to Food》를 보면, 커리에 대해 '여러 향신료를 섞은 짠맛이 강한 식품'이라고 정의 내리고 있다. 정말로 그런 것이, 인도 커리는 많게는 수십 가지의 향신료를 첨가해 만든다. 물론 이 향신료 안에 고추도 포함되어 있다. 게다가 인도 커리는 상당히 많은 향신료의 조합으로 이루어져 있어, 사람의 언어로는 표현하기 힘든 복잡하고 다양한 맛이 난다.

옐로우 커리 홍합찜

재료
옐로우 커리 2큰술, 홍합 300g, 마늘 8쪽, 양파 1/2개, 당근 1/2개, 월계수 잎 3~5장, 휘핑크림 100mL, 백설탕 1작은술, 소금 약간, 올리브유 1큰술

만들기
1 홍합, 양파, 당근은 깨끗이 씻어 물기를 닦아놓는다. 마늘은 잘게 다지고, 양파와 당근은 채 썬다.
2 팬(웍)에 올리브유를 두르고 중간 불로 가열한다. 기름 온도가 180도 정도 되었을 때 채 썬 양파와 당근, 홍합을 넣고 볶는다.
3 여기에 옐로우 커리, 월계수 잎, 휘핑크림, 백설탕, 소금을 넣은 후 약한 불에서 뚜껑을 덮고 3~5분 정도 더 익힌다.

옐로우 커리 피시 볼

재료
냉동 피시 볼 100g, 옐로우 커리 3큰술, 마늘 4쪽, 양파 1/2개, 식용유 1/2큰술

만들기
1 피시 볼은 해동해놓는다. 마늘은 다지고 양파는 씻어 물기를 제거한 후 잘게 썬다.
2 팬(웍)에 식용유를 두르고 센 불로 가열한다. 기름 온도가 150도 정도 되었을 때 썰어놓은 마늘과 양파를 넣고 타지 않게 볶으며 재빠르게 향을 낸다. 여기에 옐로우 커리를 넣고 볶아 기름의 색이 노랗게 되도록 한 후 물 2컵을 붓고 끓인다. 국물이 끓어오르면, 해동한 피시 볼을 넣고 뚜껑을 덮어 익힌다.
3 피시 볼이 떠오르고 크기가 커지면 불을 끈다. 뚜껑을 덮어 피시 볼에 맛이 배도록 5~10분 동안 둔다.

매운 바비큐

불은 피울수록 거세게 타오르고, 매운맛은 먹을수록 기분을 끌어올려 준다. 매운맛 애호가들이 가장 사랑하는 음식 가운데 하나가 바로 매운 바비큐다. 막 불 위에서 꺼낸 바비큐는 채소, 고기 할 것 없이 뜨끈뜨끈할 때 서둘러 한입 가득 입에 넣게 된다. 그러면 매워서인지 뜨거워서인지 몰라도 입으로 찬 공기를 연달아 들이켜면서도 계속 먹게 된다.

태국식 레몬그라스 닭꼬치

재료

닭 넓적다리 2개, 레몬그라스 4줄기, 레몬 잎 1움큼, 갈랑가 작은 1토막(15g), 마늘 4쪽, 고수 큰 1뿌리, 피시소스 3큰술, 국간장(성처우, 27쪽 참조) 2큰술, 올리브유 2큰술, 매운 고추(샤오미라, 14쪽 참조) 2개, 레몬즙 1큰술, 팜 슈거(또는 굵은 설탕) 2큰술, 끓여 식힌 물 1큰술

만들기

1 레몬그라스 줄기 3개를 15cm 길이로 잘라 모두 6개의 꼬치용 대를 만든다. 줄기를 자를 때는 끝을 사선으로 잘라 날카롭게 만든다. 나머지 1개의 레몬그라스는 흰 줄기 부분만 남겨둔다. 매운 고추는 잘게 다진다.

2 레몬그라스 흰 줄기는 잘게 다지고, 레몬 잎, 갈랑가, 마늘, 고수도 작게 토막 낸다. 모두 푸드프로세서에 넣고 피시소스 2큰술, 국간장 2큰술을 넣고 갈아 양념장을 만든다.

3 닭 넓적다리는 껍질을 벗기고, 뼈를 제거한다. 닭 넓적다리 살코기를 3cm 크기로 네모나게 잘라 ②에서 만들어놓은 양념장에 넣고 고루 버무린다. 이것을 레몬그라스로 만든 꼬치에 꽂은 후 올리브유를 발라 숯불에 올려 굽는다.

4 남겨둔 피시소스를 작은 그릇에 옮겨 담고, 여기에 다진 고추, 레몬즙, 팜 슈거, 끓여서 식혀놓은 물 1큰술을 넣어 양념장을 만든다. 구운 닭고기 꼬치에 곁들여 낸다.

 Tips 만약 가정에서 숯불로 조리할 수 없다면, 바닥이 두꺼운 팬에 굽거나 190도로 예열한 오븐에 넣고 약 15분 동안 익힌다.

매운 닭날개구이

재료

중간 크기 닭 날개 **10개**, 대파 **1토막**
(15g), 생강 **1토막**(10g), 국간장(성처우,
27쪽 참조) **1큰술**, 노두유(라오처우, 27쪽
참조) **1큰술**, 조미술 **1큰술**, 꿀 **1큰술**,
산초 **1작은술**, 소금 약간, 굵은 고춧
가루 · 굵은 산초가루 적당량씩

만들기

1 대파와 생강을 편으로 썬다. 닭 날
   개는 깨끗이 씻은 후 날개 양쪽에
   칼집을 넣고 대파, 생강, 국간장,
   노두유, 조미술, 꿀, 산초, 소금을
   넣어 **3시간** 동안 재운다.

2 오븐을 **180도**로 예열한다. 양념
   한 닭 날개에서 대파, 생강, 산초
   를 걷어낸 후 그릴에 얹어 예열한
   오븐에서 **15분** 동안 굽는다.

3 닭 날개 양면에 약간의 꿀을 바르
   고 굵은 고춧가루와 굵은 산초가
   루를 골고루 묻힌다. 그리고 다시
   오븐에서 **5분** 동안 구워준다.

뒈쟈오를 얹은
가리비구이

재료

가리비 6개, 뒈쟈오(다진 고추지, 50쪽 참조) 2큰술, 실파 1뿌리, 생강 편 1쪽(5g), 국간장(성처우. 27쪽 참조) 1큰술, 백설탕 2작은술, 식용유 1큰술

만들기

1 가리비는 깨끗이 씻어 껍데기를 벌려놓는다. 뒈쟈오(다진 고추지), 실파, 생강은 잘게 다져놓는다.

2 팬(웍)에 기름을 두르고 센 불에서 가열한다. 기름 온도가 180도 정도 되었을 때 생강 다진 것을 넣고 잠깐 볶아 향을 낸다. 여기에 잘게 다져놓은 뒈쟈오를 넣어 붉은색의 기름장을 만든 후 국간장, 백설탕으로 간을 해서 팬에서 꺼내놓는다.

3 가리비를 오븐용 그릇에 올리고, 가라비 위에 ②의 기름장을 얹는다. 이것을 190도로 예열한 오븐에 넣고 10분 동안 굽는다. 오븐에서 꺼낸 후 다진 파를 고명으로 얹어 마무리한다.

매운 모시조개구이

재료

모시조개(가무락) 500g, 매운 고추(차오 텐쟈오, 15쪽 참조) 2개, 마늘 2쪽, 생강 편 1쪽(5g), 양파 1/2개, 파슬리 50g, 고수 2뿌리, 국간장(성처우, 27쪽 참조) 1큰술, 황주(黃酒, 30쪽 참조) 1큰술, 소금 약간, 참기름 약간, 식용유 1큰술

만들기

1 조개는 참기름 몇 방울을 떨어뜨린 물에 넣어 3시간 동안 해감한다. 고추, 마늘, 생강, 양파, 파슬리를 각각 잘게 다져놓는다. 고수는 큼직하게 썬다.

2 넓고 얕은 오븐용 그릇에 조개를 넣는다. 고수를 제외한 모든 재료를 한데 넣고 섞어 조개 위에 뿌리고, 알루미늄 포일로 그릇을 밀봉한다. 200도로 예열한 오븐 중간칸에 넣고 15분 동안 익힌다.

3 오븐에서 꺼낸 후 알루미늄 포일을 벗기고 재료들이 골고루 섞이도록 뒤적여준다. 여기에 고수를 뿌려 마무리한다.

돼지고기꼬치

재료

돼지 목살 300g, 사테소스(꼬치용 소스) 2큰술, 미니 양파(설롯) 2개, 마늘 2쪽, 고수 1뿌리, 소금 약간, 백설탕 2작은술, 식용 유 1큰술

만들기

1 깨끗이 씻은 미니 양파, 마늘, 고수에 소금, 백설탕, 식용유를 넣는다. 이 재료들을 푸드프로세서에 넣고 곱게 갈아 양념장을 만든다.

2 돼지 목살을 2.5cm 크기로 네모나게 썰어, ①에서 만들어놓은 양념장에 넣고 30분 동안 재운다. 재운 돼지 목살을 나무 꼬치에 끼운다.

3 200도로 예열한 오븐에 돼지 목살 꼬치를 넣고 10분 동안 굽는다. 구운 돼지 목살을 꺼내 사테소스를 발라 10분 동안 더 굽는다.

닭껍질고추꼬치

재료

닭 껍질 200g, 안 매운 고추(항자오, 15쪽 참조) 12개, 보드카 1큰술, 소금 약간

만들기

1 닭 껍질을 깨끗이 씻은 뒤 껍질에 붙어있는 지방은 제거한다. 닭 껍질을 2cm 정도 폭으로 길게 자르고, 여기에 약간의 소금과 보드카를 발라놓는다.

2 나무 꼬치 한쪽 끝에 닭 껍질 한쪽을 끼운다. 여기에 다시 고추 2개를 끼우고, 미리 끼워놓은 닭 껍질로 고추를 감싼다. 그리고 꼬치의 다른 한쪽에 닭 껍질을 끼워 고정한다.

3 닭 껍질 고추 꼬치를 숯불에 올려 굽는다. 닭 껍질이 살짝 탄 듯 노랗게 익으면 다 익은 것이다.

 가정에서 숯불로 구울 수 없다면, 두꺼운 팬에서 굽거나, 200도로 예열된 오븐에서 15분 정도 구우면 된다.

후추를 바른 쇠고기꼬치

재료

쇠고기 갈빗살 300g, 플레인 요구르트 1컵, 박하 잎 1움큼, 굵은 흑후춧가루 1큰술, 소금 약간, 식용유 약간

만들기

1 쇠고기 갈빗살을 사방 2.5cm 크기로 네모나게 썬다. 박하 잎은 잘게 다진다. 네모나게 자른 갈빗살에 플레인 요구르트, 다진 박하 잎, 소금을 넣고 골고루 버무려 1시간 동안 재운다.

2 넓은 팬이나 바닥이 두꺼운 구이용 팬 윗면을 토치로 가열한다. 갈빗살은 나무 꼬치에 꽂는다. 쇠고기 꼬치 겉면에 흑후춧가루를 바른다.

3 달궈놓은 팬에 약간의 식용유를 바르고 갈빗살 꼬치를 1분 동안 얹어 익힌다. 남은 플레인 요구르트와 박하 잎을 섞어 완성된 꼬치에 곁들인다.

매운 생선껍질구이

재료

연어 껍질 80g, 보드카 1큰술, 굵은 고춧가루 적당량, 굵은 흑후춧가루 약간, 소금 약간

만들기

1 깨끗이 씻어 물기를 제거한 연어 껍질에 보드카와 소금을 발라 잠시 재운다. 재운 연어 껍질을 길게 자르고, 쇠로 된 꼬치에 꽂아 고정한다.

2 오븐을 200도로 예열한다. 오븐용 팬에 종이 포일을 깔고 연어 껍질 꼬치를 올린다. 이 팬을 오븐 중간층에 넣고 10분 동안 굽는다.

3 오븐에서 꺼낸 연어 껍질 꼬치에 고춧가루와 흑후춧가루를 뿌리고, 오븐에서 다시 5분 정도 굽는다. 연어 껍질을 꼬치에서 빼내 그릇에 담아낸다.

커민 팽이버섯구이

재료

팽이버섯 200g, 실파 1뿌리, 마늘 2쪽, 국간장(성처우. 27쪽 참조) 1작은술, 백설탕 1작은술, 고춧가루 1/2작은술, 커민 1/2작은술, 소금 약간, 식용유 1큰술

만들기

1 팽이버섯은 씻어 뿌리 부분을 제거한 후 알루미늄 포일 위에 놓는다. 실파는 다지고 마늘은 곱게 간다. 간 마늘, 국간장, 백설탕, 고춧가루, 커민, 소금, 식용유를 한데 넣고 섞어 팽이버섯 위에 뿌린다.

2 200도로 예열한 오븐에 알루미늄 포일로 싼 팽이버섯을 넣고 10분 동안 굽는다. 오븐에서 꺼내 알루미늄 포일을 연 후 그 상태로 오븐에 다시 넣어 5분 동안 더 굽는다. 이때 팽이버섯 표면이 살짝 마를 정도로만 굽는다. 오븐에서 꺼낸 후 다진 파를 얹어 마무리한다.

매운 콜리플라워 구이

재료

콜리플라워 300g, 굵은 고춧가루·
굵은 산초가루 1작은술씩, 커민 1/2
작은술, 소금 1작은술, 식용유 1큰술

만들기

1 깨끗이 씻은 콜리플라워를 작은
  송이로 자른다. 콜리플라워에 소
  금과 식용유를 넣어 골고루 섞은
  후 잠깐 재운다.

2 오븐을 200도로 예열한다. 콜리
  플라워에 고춧가루, 산초가루, 커
  민을 넣고 골고루 섞은 후 오븐에
  넣는다. 콜리플라워의 가장자리
  가 노릇노릇하게 변하면 다 익은
  것이다.

고추 베이컨 말이

재료

풋고추(녹색 젠쟈오, 15쪽 참조) 6개, 베이컨 100g, 동그랗고 작은 어묵 12개, 타바스코소스 약간

만들기

1 고추를 씻은 후 베이컨 넓이에 맞춰 토막을 낸다. 어묵을 고추 안쪽에 넣고, 이 고추를 베이컨으로 만 후 나무 꼬치로 꽂아 고정한다.

2 ①의 꼬치를 숯불에 얹어 직화로 굽는다. 숯불에 구울 수 없으면, 오븐을 180도로 예열하고 그릴에 얹어 15분 동안 구워도 된다. 구운 꼬치에 타바스코소스를 뿌려 낸다.

악마의 소시지 구이

재료

프랑크 소시지 6개, 매운 고추(차오톈쟈오, 15쪽 참조) 2개, 마늘 2쪽, 고수 1뿌리, 백설탕 1작은술, 소금 약간, 굵은 흑후춧가루 약간, 올리브유 1큰술

만들기

1 구울 때 맛이 잘 배도록 프랑크 소시지에 칼집을 낸다. 고추는 잘게 다지고, 마늘은 작게 썰고, 고수는 깨끗이 씻어 작게 토막 낸다.

2 고추, 마늘, 고수, 백설탕, 소금을 절구에 넣고 곱게 빻는다. 여기에 흑후춧가루와 올리브유를 넣어 양념을 만든다.

3 프랑크 소시지 위에 ②에서 만든 양념을 바른 후 바비큐용 그릴에 얹어 굽는다. 바비큐용 그릴이 없다면, 200도로 예열한 오븐에서 구워도 된다.

더 화끈하게 즐기는 전략 글 & 사진 | 판칭

매운맛을 즐기는 사람은 매운 음식을 못 먹는 사람에게 우월감 같은 것이 있다. 어쩌면 식사 자리에서 "뭐? 매운 거 안 먹어? 그러면 인생에서 낙이 하나 줄어든 건데!"와 같은 말을 종종 들어보았을 것이다. 그 렇다면 과연 매운맛이란 것이 정말로 즐거움을 줄까? 어쩌면 즐거움을 줄 수도 있을 것이다. 그리고 이는 미각적인 자극으로 느끼는 것일 게다. 그런데 아무리 즐거운 것도 가끔은 신선할 필요가 있다. 그리고 매운 음식을 먹을 때 신선한 느낌을 강화하려면, 약간의 전술을 구사해야 할 필요가 있다. 다시 말해 아주 작은 변화만 주어도 매운맛을 배로 즐겁게 즐길 수 있다는 뜻이다.

평소 좋아하는 음식을 먹는 것이니 그냥 아무거나 먹으면 될 것을, 무엇하러 신선함을 추가하고, 한술 더 떠 전술까지 필요하냐고? 당연히 필요하다! 날마다 똑같이 고추장을 밥에 비벼 먹든, 각종 고추로 갖가지 요리를 만들어 먹든, 매운 음식을 먹는 것은 매한가지다. 하지만 당신이라면 이 두 가지 경우 가운데 어느 쪽이 더 즐거울지 생각해보기 바란다.

새 옷, 새 신발, 새 가방을 사면 얼른 입고, 신고, 걸쳐보고 싶지 않은가? 주방에서도 새로운 무언가가 나타나면, 똑같은 현상이 벌어진다. 한동안 주방 근처에는 얼씬도 하지 않았더라도 새로 들인 주방용품 때문에, 또는 새로운 고추 소스 때문에 갑자기 주방 안에서 무언가를 하고 싶다는 의욕이 솟구칠 수 있다. 물론 여러분에게 소비를 장려하려는 의도로 한 말은 아니다. 하지만 특이한 조리 도구나 음식 재료를 사용해 음식을 만들면, 매번 색다른 체험을 하게 된다. 아울러 요리에 대한 열정도 불타오르게 할 수 있다. 세상에 새로운 물건을 사놓고 아무것도 안 해보는 사람이 과연 있을까?

소비로 열정에 기름 붓기

보피라쟈오소스 닭다리찜

완전히 새로운 식재료 '껍질 벗긴 고추지'

재료

닭다리(뼈를 제거한 것) 1개, 건표고버섯 5개, 생표고버섯 3개, 적파프리카 1/3개, 보피라쟈오(剝皮辣椒, 고추지)* 50g, 조미술 1작은술, 전분 1작은술, 국간장(성처우. 27쪽 참조) 1큰술, 참기름 1작은술

* 보피라쟈오는 타이완의 화롄花蓮현에서 만드는 고추지로 이 지역 특산품이다. 겉껍질을 제거한 고추지인데, 달고, 새콤하고, 매운맛이 나며 꼭 한번 먹어볼 만하다. 가까운 미래에 타이완으로 여행을 갈 계획이 없어도, 인터넷으로도 구매할 수 있으니 걱정하지 말자.

만들기

1 건표고버섯은 깨끗이 씻어 따뜻한 물에 담가 불린다. 생표고버섯은 씻어 기둥을 제거한 후 편으로 썰고, 적파프리카는 씻은 후 편으로 썰어둔다. 보피라쟈오(고추지)는 잘게 다져놓는다.

2 뼈 없는 닭다리는 깨끗이 씻어 작게 깍둑썰기 하고, 약간의 조미술과 전분, 국간장, 참기름을 넣어 골고루 버무린다.

3 넓은 접시에 양념한 닭다리를 깔고, 이 위에 편으로 썬 불린 표고버섯과 생표고버섯, 파프리카를 뿌린다. 여기에 다시 잘게 다진 보피라쟈오를 골고루 뿌린다. 김이 오른 찜기에 넣어 10분 정도 찐다.

음식을 만들다가 새로운 기술을 배우게 되면, 그에 맞춰 새로운 조리 도구도 접하게 된다. 그러면 새로운 조리 도구가 아무리 생소할지라도 음식을 만들고 싶다는 욕구는 폭발적으로 상승하게 되어있다. 물론 먹고자 하는 열정도 순식간에 불타오른다. 이는 모두 새로운 기술을 배웠으니 계속 시도해봐야겠다는 충동이 일어서다. 아울러 생소한 기술을 제대로 익히기 위해서는 반복적인 연습이 필요해서다. 그리고 이때 새로운 기술로 만든 음식을 먹는 경험은 기술을 얼마나 제대로 익혔는지 점검해가는 과정이 된다.

새로운 주방용품에 도전하기

매운 닭날개 타진

새로운 주방용품 '타진'으로 !

재료

닭 날개 600g, 감자 100g, 고구마 100g, 당근 50g, 마늘 5쪽, 실파 1뿌리, 백설탕 2작은술, 소금 약간, 국간장 (성처우. 27쪽 참조) 1큰술, 조미술 1큰술, 후춧가루 1꼬집, 고춧가루 1작은술, 식용유 약간, 타진 냄비*

* 본래 타진Tagine은 북아프리카와 중동에서 널리 쓰이는 도자기 냄비이며, 모로코 전통 그릇이다. 또한 이 냄비로 만든 국물 요리도 '타진'이라고 부른다(역자).

만들기

1 닭 날개는 깨끗이 씻어 물기를 닦아낸 후 겉에 길게 두 줄로 칼집을 내어 따로 그릇에 담아둔다.

2 백설탕, 소금, 국간장, 조미술, 후춧가루, 고춧가루를 한데 넣고 섞은 후, 닭 날개 위에 골고루 바른다. 양념한 닭 날개를 그릇에 담고, 이 그릇을 랩으로 싸 냉장고에 넣어 하루 동안 재운다.

3 감자, 고구마, 당근은 씻어서 물기를 닦아둔 후 길게 채 썰어놓고, 실파는 깨끗이 씻어 잘게 다진다.

4 타진 냄비 안에 약간의 식용유를 두르고, 바닥 면에 골고루 식용유를 입힌다. 마늘을 넣고 감자, 고구마, 당근을 타진 냄비 바닥에 가지런히 깐다. 이 위에 양념한 닭 날개를 올린다.

5 냄비를 타진 냄비용 뚜껑으로 덮고 센 불에서 10분 정도 가열한다. 불을 끈 후에는 남은 열로 5분 동안 뜸을 들인다.

6 냄비 뚜껑을 열고 다진 파를 고명으로 뿌린다.

보
기

좋
은

음
식
보
다

맛

좋
은

음
식

항상 이런 생각을 했다. 아름다움은 병균과 같아 금세 전염되어 버린다고 말이다. 또 어떤 때는 생각했다. 아름다움이란 말로 설명 못할 모호한 감정과도 같아서 단 한 번 봤을 뿐인데 계속 마음이 가기도 한다고. 정말로 '보기 좋은 음식'이 눈앞에 놓여있다고 상상해보자. 분명 기쁜 마음으로 맛볼 것이다. 그런데 생각했던 것과는 달리 그냥 '보기에만 좋은 음식'이었다고 해보자. 그렇다면 아무리 눈을 즐겁게 해주는 음식일지라도 다시는 손도 대고 싶지 않을 것이다. 음식의 최고 가치는 '맛'이다. 따라서 정말로 맛난 음식만이 지극한 사랑을 받을 수 있으며, 계속 만나고 싶은 대상이 될 수 있다! 그리고 더 나아가 속히 집으로 돌아가 그대로 '재현'해보고 싶다는 욕구를 자극할 수 있다!

마파가지덮밥

맛난 음식이 선사하는 소소한 즐거움

재료

가지 150g, 고기 소* 50g, 실파 1뿌리, 생강 편 1쪽(5g), 마늘 1쪽, 매운 홍고추(차오텐쟈오, 15쪽 참조) 1개, 두반장(피셴더우반, 48쪽 참조) 1/2큰술, 미지우(米酒, 라오짜오의 다른 이름, 20쪽 참조) 1큰술, 국간장(성처우, 27쪽 참조) 1큰술, 설탕 1/2큰술, 물 1컵, 전분 1큰술, 참기름 1큰술, 산초 약간, 식용유 적당량

* 간 고기에 생강, 소금, 간장 등을 넣어 양념한 것이다(역자).

만들기

1 가지는 0.5cm 두께로 둥글게 썰어 둥근 면에 균일하게 여러 개의 칼집을 넣어준다. 실파, 생강, 마늘, 홍고추는 씻어 잘게 다져놓는다.

2 팬(웍)에 식용유를 두르고 센 불에서 가지를 1분간 튀긴 후 건져 기름을 빼둔다. 전분에 물 2~3큰술을 넣고 섞어 전분물을 만든다.

3 새 팬(웍)에 적당량의 기름을 두르고 가열해 다진 실파, 생강, 마늘, 홍고추를 넣고 볶아 재빠르게 향을 낸다. 여기에 고기 소, 두반장을 넣고 볶아 향을 배가시킨다. 미지우, 국간장, 설탕, 물 1컵을 넣은 후 국물이 끓어오르면 튀긴 가지를 넣어 3분 더 끓인다. 전분물을 넣어 걸쭉해지면 불을 끈다. 완성한 마파가지소스를 밥과 함께 담는다.

4 마지막으로 팬을 가열해 참기름 1큰술, 산초를 넣고 타지 않도록 볶으며 재빠르게 향을 낸다. 뜨거울 때 마파가지소스 위에 뿌려 마무리한다.

왜 아이들 눈에 비친 세상은 늘 즐거운 것투성이일까? 반면 성인의 눈에 비친 세상은 왜 평범하기만 하고 전혀 신기하지 않을까? 가장 근본적인 원인은 호기심에서 찾을 수 있다. 신기한 무언가를 발견하도록 만드는 호기심은 성장하는 과정에서 천천히 사라진다. 그 결과 우리 곁에는 항상 소소한 즐거움이 포진해있는데도, 우리는 그것들을 무시하게 되었다. 호기심은 열정을 유지시키는 근원이다. 그리고 음식을 만들 때 호기심과 열정과의 상관관계를 그대로 적용해볼 수 있다. 다시 말해, 늘 먹는 음식 재료로 새로운 음식을 시도해보는 건 어떨까?

매일 먹는 식재료로 색다른 음식 만들기

깨장소스 파스타

파스타 면이 즈마장을 만난다면?

재료

파스타 면 300g, 마늘 3쪽, 고수 적당량, 매운 고추(차오톈쟈오, 15쪽 참조) 2개, 깨장(芝麻醬, 즈마장) 50g, 국간장(성처우, 27쪽 참조) 40g, 화이트 와인 식초 20g, 설탕 30g, 고추기름 약간, 산초가루 5g, 이탈리안 시즈닝* 적당량씩, 소금 약간

* 이탈리아 음식을 만들 때 기본적으로 사용하는 허브인 바질, 오레가노, 세이지, 마저럼, 로즈메리, 타임, 세이버리 등을 의미한다(역자).

만들기

1 마늘, 고수, 고추는 깨끗이 씻어 물기를 제거하고 각각 다져놓는다.

2 깨장을 물에 갠다. 여기에 국간장, 화이트 와인 식초, 설탕, 고추기름, 산초가루, 다져놓은 마늘과 고수, 고추를 넣고 골고루 섞어 깨장소스를 만든다.

3 냄비에 물을 넣고 끓인다. 물이 끓어오르면 약간의 소금과 파스타 면을 넣고 8~10분 정도 삶는다. 삶는 동안 면이 냄비에 들러붙지 않도록 계속 저어주면 좋다.

4 삶은 파스타 면을 냄비에서 꺼내 물기를 털어낸다. 그리고 여기에 깨장소스를 부어 골고루 비빈다. 마지막으로 이탈리아 시즈닝을 뿌려 요리를 완성한다.

어떻게 이런 조합이 !

스캔들은 왜 순식간에 퍼져나가는 걸까? 스캔들은 그 자체만으로도 새로운 사건이며, 인간은 새로운 것이라면 속속들이 파헤치려는 속성이 있다. 그러니 스캔들은 결국에는 퍼져나가게 되어있다. 그런데 세간의 스캔들을 대하는 자세를 음식 재료 간의 조합에도 적용해볼 수 있다. '어떻게 이 재료와 저 재료를 조합할 생각을 했지!'라며 감탄하는 때가 있을 것이다. 그렇다면 이는 음식 재료에게 새로운 짝을 찾아준 것일지도 모른다. 평소에는 그 두 재료가 잘 어울릴 것이라는 생각조차 하지 못하고 있다가 말이다. 가끔 인연은 찰나처럼 스쳐가는 생각에 달렸다. 프랑크 소시지는 빵하고만 어울린다는 규정이 있었던가? 프랑크 소시지를 향한 가래떡의 고백도 꽤 감동적이니, 한번 시도해보기 바란다.

가래떡 프랑크소시지 꼬치
가래떡과 프랑크 소시지의 국제 연애

재료
가래떡 적당량, 프랑크 소시지 6개, 두반장(피센더우반, 48쪽 참조) 1큰술, 참기름 1/2큰술

만들기
1 가래떡을 반으로 갈라 자른다. 프랑크 소시지도 가래떡과 같은 굵기와 크기로 자른다.
2 나무 꼬치에 가래떡과 프랑크 소시지를 서로 번갈아가며 꽂는다.
3 오븐용 팬에 알루미늄 포일을 깔고 ②의 꼬치를 늘어놓는다. 꼬치 위에 두반장과 참기름을 바른다. 180도로 예열한 오븐에 10분 정도 굽는다. 기호에 따라 다진 파와 참깨를 뿌려 낸다.

세상 그 무엇도, 심지어 아무리 자신이 가장 좋아하는 일일지라도 이길 수 없는 것이 딱 하나 있다. 바로 게으름이다! 몸과 마음이 피로에 절어있을 때는 그냥 잠만 자고 싶지, 굳이 힘들게 무언가를 하고 싶다는 생각이 들지 않는다! 이럴 때 당신의 식단에 필요한 것은 바로 만들기 쉽고, 보기에도 좋으며, 맛까지 좋은 요리. 몇 분 안 들여 뚝딱 만들어낸 요리로 지친 위를 달래주어 보자. 그러면 더 편안히 잠을 잘 수 있지 않을까?

게으름뱅이도 만들 수 있는 초간단 최고의 미식

그린파파야 냉채

몇 분이면 요리 하나가 뚝딱!

재료

그린 파파야 80g, 건새우 15g, 토마토 1개, 양파 1/4개, 고추기름에 볶은 땅콩(香辣花生米, 상라화성미)* 15g, 고수 조금, 매운 고추(샤오미라, 14쪽 참조) 2개, 태국 스위트 칠리소스 2큰술, 레몬즙 1큰술

* 땅콩을 물에 불려 껍질을 벗겨 기름에 볶은 후 고추기름에 다시 볶아 만든다(역자).

만들기

1 그린 파파야는 껍질을 벗긴 후 가늘게 채 썬다. 건새우는 따뜻한 물에 10분 동안 불린다. 불린 새우는 물기를 제거한 후 칼등으로 가볍게 두드려놓는다.

2 깨끗이 씻은 토마토를 편으로 썰고, 양파는 껍질을 제거하고 채 썬다. 고추기름에 볶은 땅콩은 빻아놓는다. 고수와 고추는 다져놓는다.

3 큰 그릇에 ①과 ②에서 준비한 모든 재료를 넣고, 여기에 태국 스위트 칠리소스와 레몬즙을 넣어 골고루 섞는다.

보여주는 것도 일종의 나눔이다. 직접 만든 맛난 음식을 SNS 친구들에게 보여주고 공유해보자. 그러면 친구들은 창의적이고 아름답게 꾸며진 음식을 보고 '좋아요' 내지는 '부러워요' '감동했어요'와 같은 피드백을 줄 것이다. 이는 음식 창작자에게는, 그러니까 당신에게는 큰 격려가 된다. 이와 같은 격려는 자연스레 열정으로 승화하기 마련이며, 이는 꾸준히 음식을 만들게 하는 원동력이 된다. 따라서 어제 '좋아요'를 48개 받았다면, 내일은 60개를 받게 되지 않을까?

SNS를 통해 보여주고 공유하기

바삭바삭 두부팽이버섯말이

바삭바삭 소리까지 맛있어!

재료

두부껍질(腐皮. 푸피) 2장, 팽이버섯 50g, 건두부(豆腐乾. 더우푸간) 50g, 우스터소스 약간, 식용유 적당량

만들기

1 두부껍질을 물에 넣어 부드러워질 때까지 불린다. 불린 두부껍질을 물에서 꺼내 물기를 닦아낸 후 직사각형 모양으로 썰어둔다.

2 팽이버섯은 깨끗이 씻어 뿌리 부분을 제거하고, 건두부는 토막을 내놓는다.

3 팽이버섯과 건두부를 두부껍질로 감싸서 말아준다. 이쑤시개를 꽂아 고정해도 된다.

4 튀김용 팬에 기름을 두르고 중간 불에서 가열한다. 기름 온도가 180도 정도 되었을 때 ③에서 말아놓은 재료를 넣고 튀긴다. 겉면이 노릇노릇해지면 팬에서 꺼내 기름기를 제거한다. 우스터소스에 찍어 먹는다.

SNS 친구들 반응이 시큰둥해진 상태라면, 이제는 진짜 필살기를 발휘해야 할 때다! 맛난 음식을 차려놓고 친구 네 다섯 명을 초청해 파티를 열어보자. 그리고 친구들과 함께 그 음식을 즐겨보자! 손수 만든 음식을 먹은 친구들이 먹는 내내 연신 고개를 끄덕이며 맛있다고 칭찬한다면, 당신의 음식을 향한 열정은 더욱 활활 타오를 것이다. 심지어는 음식을 만들며 고생했던 기억은 다 잊고, 다음 파티에 어떤 음식을 내놓을지 생각하게 될지도 모른다!

신종 매운 피자

파티에는 피자가 제격이지!

재료

피자 반죽 1개, 스모크드 타바스코소스 3큰술, 살라미 햄 12조각, 풋고추·홍고추 30g씩, 밤버섯 20g, 양파 1/4개, 채 썬 모차렐라치즈 100g

만들기

1 깨끗이 씻은 청·홍 고추는 둥근 면을 살려 편으로 썬다. 밤버섯은 편으로 썰고, 양파는 씻은 후 채 썬다.

2 피자 반죽을 넓게 펴고 종이 포일을 깐 팬에 올린다. 스모크드 타바스코소스를 넓게 편 반죽 위에 골고루 바르고, 이 위에 준비한 모차렐라치즈 중 일부를 적당량 뿌린다. 그 위에 ①에서 준비한 고추, 밤버섯, 양파와 살라미 햄을 골고루 펴서 얹는다. 마지막으로 남은 모차렐라치즈를 뿌린다.

3 200도로 예열한 오븐에 피자를 넣고 12~15분 굽는다. 오븐에서 구울 때 치즈 상태를 잘 살펴야 하는데, 모차렐라치즈가 녹아 표면이 노릇노릇하게 변하면 완성된 것이다.

도우 재료	밀가루 400g, 물 250mL, 올리브유 50mL, 즉석 활성 건조 효모 4g, 소금 2g
도우 만들기	즉석 활성 건조 효모를 35도 정도의 온수에 넣어 녹인다. 밀가루에 효모 녹인 물, 올리브유를 넣고 반죽 상태로 만든다. 반죽에 소금을 넣고 골고루 섞이도록 치댄다. 밀가루 반죽의 겉면이 매끈해지면 랩으로 덮는다. 실온에서 50분 동안 발효한다. 이때 반죽 크기가 2배 가까이 부풀어야 한다. 마른 밀가루를 뿌린 곳에 반죽을 꺼내놓고, 반죽을 가볍게 눌러 반죽 안에 있는 공기를

빼다. 공기를 뺀 반죽은 가장자리를 가운데로 밀어 넣어가며 반죽한다. 이때 반죽은 커다란 하나의 공 모양이 되도록 한다. 다시 반죽을 10분 동안 방치한 후, 자신이 필요로 하는 용도에 따라 잘라둔다. 피자를 만들 때는 이 반죽을 평평하게 밀어서 넓히면 된다.

만약 일반 가정용 오븐 사용자라면, 제시한 재료의 양으로 대략 3개 정도의 피자를 만들 수 있다.

열정의 칵테일 글 | 양타오

칵테일은 술이다. 그래서 술이 지닌 뜨거운 기운이 혀끝과 목을 따뜻하게 덥힌다. 그런데 칵테일은 단순한 술이 아니다. 영롱하고 다양한 색채, 여러 겹을 이루고 있는 향기, 그리고 그 속에 숨은 술의 향까지 다채롭게 즐기도록 되어있다. 게다가 수많은 색상, 모양, 향, 맛으로 변주되며, 끊임없이 눈, 코, 입을 즐겁게 해준다. 칵테일에 대해 잘 모른다고 해도 상관없다! 어쨌든 칵테일의 핫한 유혹은 견뎌낼 수 없을 테니 말이다! 이제 칵테일로 마음 깊숙이 숨어있던 열정을 몽땅 쏟아내보자!

코코넛밀크 모히토

재료

백설탕 50g, 물 250mL, 박하 잎 20g, 화이트 럼 180mL, 코코넛밀크 500mL, 라임 2개, 조각 얼음 2컵(약 120g), 구운 코코넛가루 적당량

만들기

1 백설탕, 물, 박하 잎(이때 장식용 한두 잎은 남겨둔다)을 작은 냄비에 넣고 끓인다. 끓어오르면 약한 불로 줄이고, 10분 동안 더 끓인 후 박하 잎을 제거한다. 이렇게 만든 박하 시럽을 찬 곳에서 완전히 식힌다.

2 화이트 럼, 코코넛밀크, 얼음, 박하 시럽을 칵테일 셰이커에 담고, 여기에 라임을 즙을 짜서 넣은 후 뚜껑을 닫고 흔들어준다.

3 잘 섞인 술을 잔에 따르고 박하 잎과 코코넛가루로 장식해 마무리한다.

Tips

모히토Mojito는 쿠바에서 만들어진 칵테일이다. 그윽한 향의 박하와 약간 시큼한 맛의 라임, 시원하고 깔끔한 맛의 럼, 조각 얼음을 혼합해 만든다. 보기만 해도 상쾌한 색상이 눈길을 사로잡는다. 맛은 진하지 않지만, 조금만 먹어도 살짝 취기가 오른다. 상쾌하고 청량한 맛이 혀끝에 닿는 순간, 마음 깊이 숨어있던 열정에 불이 붙는다. 두 볼은 석양처럼 발그레해지고, 마음이라는 호수에는 잔잔한 물결이 인다. 어떤 이는 모히토가 담담한데도 동시에 불같은 열정을 지니고 있어 첫사랑의 맛이라고 표현한다. 모히토에 코코넛밀크를 넣으면 훨씬 달콤하고 향기로워지며, 럼이 내는 식감을 더 부드럽게 만들어준다.

라즈베리 마르가리타

재료

라즈베리 100g, 백설탕 70g, 레몬 2개, 레몬 과즙 120mL, 테킬라 120mL, 조각 얼음 2잔분

만들기

1 라즈베리는 깨끗이 씻은 후 물기를 제거한다. 장식용으로 몇 개만 남기고 나머지는 믹서에 넣고 곱게 간다. 간 라즈베리를 체에 밭쳐 씨앗은 걸러내고 부드러운 과즙만 남긴다. 여기에 백설탕 20g을 넣어 골고루 섞은 후 냉장고에 넣어둔다.

2 백설탕 50g을 작은 접시에 넣는다. 이 백설탕에 레몬 겉껍질(레몬 껍질 중에서도 흰 부분이 아닌 겉껍질. 즉 제스트만 사용한다—역자)을 벗겨 섞어놓는다. 껍질을 긁어낸 레몬 일부를 편으로 썰어 2조각을 준비한 다음, 둥근 조각 가운데에 칼집을 1cm 정도 낸다. 칵테일 잔 두 개를 준비해, 칼집 낸 부분을 칵테일 잔 가장자리, 즉 입이 닿는 부분에 끼운 채 빙 둘러 레몬즙을 입혀준다. 레몬즙 입힌 부분을 백설탕과 레몬 껍질이 섞여있는 접시에 엎어, 잔 입구에 백설탕과 레몬 껍질이 묻도록 한다.

3 칵테일 셰이커를 조각 얼음으로 채운다. 이때 얼음의 양은 칵테일 셰이커 높이의 3/4 정도 오도록 한다. 여기에 라즈베리 과즙 절반, 레몬 과즙 60mL, 테킬라 60mL를 넣고, 레몬 1/2개로 즙을 짜 넣는다. 칵테일 셰이커 뚜껑을 덮고 힘껏 충분히 섞어준다. 이것을 설탕과 레몬 껍질로 장식한 잔에 따른다. 마지막으로 라즈베리와 레몬 조각으로 장식한다. 두 번째 잔은 남은 재료를 활용해 똑같은 방법으로 만든다.

Tips

마르가리타Margarita는 '칵테일의 여왕'이라고 불릴 만큼 전 세계적으로 유명한 칵테일로, 기본 주는 멕시코를 대표하는 테킬라다. 진한 맛에는 불타는 듯한 남미의 열정이 그대로 투영되어 있다.
라즈베리를 첨가하면 맛이 더 풍부해진다. 라즈베리가 지닌 짙은 붉은색 덕분에 열정적인 느낌이 가미되는 효과도 있다. 라즈베리 과즙을 만들 때 물을 넣지 않으면 농도가 짙은 과즙을 얻을 수 있다. 이 과즙은 떠낼 때 씨앗 알갱이가 딸려올 수 있으므로, 과즙 표면을 국자 등으로 살짝 눌러 과즙만 떠내는 것이 좋다. 라즈베리 과즙은 사전에 만들어 냉장했다 써도 된다.
여기에서 사용한 레몬 과즙은 레몬으로 직접 만든 음료를 말한다. 말린 레몬이나 감미료, 착향료를 넣어 만든 레몬주스는 권하지 않는다. 만약 시판용 레몬 과즙을 구할 수 없다면, 신선한 레몬을 직접 짜서 써도 된다. 이때 물과 설탕은 개인의 입맛에 따라 조절하면 된다.

딸기 용암 칵테일

재료

딸기 350g, 코코넛 럼 250mL, 레모네이드
120mL, 파인애플즙 300mL, 농도가 짙은
코코넛밀크 250mL, 바나나 1개, 조각 얼음
2컵(약 120g), 파인애플 과육 조금(장식용)

만들기

1 딸기는 깨끗이 씻은 후 꼭지를 제거해 믹
   서에 넣는다. 여기에 코코넛 럼과 레모네
   이드를 넣고 곱게 간다. 그릇에 담을 때
   채를 이용해 딸기 씨앗을 걸러낸다.

2 믹서를 깨끗이 씻는다. 여기에 파인애플
   즙과 코코넛밀크를 넣고 충분히 섞어준
   후, 믹서에서 꺼내 그릇에 담아둔다.

3 바나나는 껍질을 벗겨 토막 낸 후 믹서에
   넣는다. 여기에 조각 얼음, ②의 파인애
   플과 우유 혼합물을 넣고 함께 곱게 갈아
   꺼내놓는다.

4 잔에 ③에서 만든 것을 넣는다. 이때 잔
   높이의 3/5 정도까지 따른다. 여기에 ①
   의 딸기와 코코넛 럼, 레모네이드 혼합물
   을 따른다. 이때 이 혼합물이 아랫부분과
   섞이지 않고 잔 벽을 타고 내려가게 조심
   스럽게 부어야 한다.

5 마지막으로 파인애플 과육을 꽂은 꼬치
   를 잔에 꽂아 장식한다.

Tips

잔 상단에 담긴 딸기 과즙은 시뻘겋게 불
타오르며 한껏 열정을 방출하고 있는 화
산 용암을 표현하고 있다. 딸기 용암 칵테
일은 빨간색과 흰색이 강한 시각적인 대
비를 이룬다. 그 덕분에 딸기가 내는 불타
는 듯한 붉은색이 더 선명해 보이는 효과
가 있다. 게다가 럼이 내는 맛도 미각을 강
렬하게 자극한다. 제시한 재료의 양으로
는 총 4~6잔을 만들 수 있으며, 이는 친
구들을 초대해 즐기기에 적당한 양이다.

진저비어 팔로마

재료

자몽 2개, 라임 1개, 아가베 시럽 1작은술, 테킬라 80mL, 진저비어Ginger Beer 80mL, 굵은소금 적당량(장식용)

만들기

1 장식용으로 쓸 자몽을 잘라놓는다. 편으로 썬 한 조각이면 된다. 나머지는 착즙기에 넣어 즙을 짜둔다. 라임은 반으로 잘라 한쪽은 즙을 내어두고, 다른 한쪽은 장식할 때 쓴다.

2 소금을 작은 접시 위에 놓는다. 자몽 조각으로 잔 입구 가장자리에 자몽즙을 묻힌다. 자몽즙이 묻은 부분을 소금 접시 위로 엎어 소금을 묻혀 장식한다.

3 잔에 자몽즙, 아가베 시럽, 라임 반 개에서 짠 즙을 넣고 골고루 섞는다. 여기에 테킬라와 진저비어를 넣은 후, 마지막으로 잘라둔 자몽과 라임으로 장식한다.

Tips

팔로마Paloma는 스페인어로 '비둘기'라는 뜻이다. 원래는 테킬라를 기본 주로 하며, 자몽즙을 넣은 칵테일이다.
진저비어라는 이름에는 '맥주'라는 단어가 들어있지만, 사실은 알코올이 없는 생강 맛 탄산수다. 진한 테킬라에 매운맛의 진저비어를 섞어 한 잔 마시면 몸속 깊은 곳에서부터 더운 열기가 올라온다. 몸을 따끈하게 덥혀주고 매운맛도 일품인 칵테일이라 하겠다.

오렌지 크림과 불의 잔

재료

오렌지 맛 탄산수 350mL, 얼음으로 차게 만
든 바닐라 향 보드카 60mL, 스프레이 생크
림 적당량, 오렌지 맛 사탕 약간(장식용)

만들기

1 두 개의 잔에 오렌지 맛 탄산수를 똑같
　은 양씩 따른다. 여기에 차가운 바닐라 향
　보드카를 넣는다.

2 이 위에 스프레이 생크림을 분사해 올리
　고 오렌지 맛 사탕을 뿌려 장식한다.

이 칵테일은 정말로 만들기 쉽다. 보드카
자체가 지닌 타는 듯한 열감과 오렌지의
빛깔이 어우러져 색다른 열정을 경험하게
해줄 것이다.

수박박하 칵테일

재료

씨 없는 수박 1/4개, 보드카 40mL, 박하 시럽 40mL, 박하 잎과 줄기 약간씩

만들기

1 수박 과육을 네모나게 깍둑썰기 한다.

2 깍둑썰기 한 수박을 믹서에 넣고 갈아 주스로 만든다. 여기에 보드카와 박하 시럽을 넣어 골고루 섞은 후 잔에 담는다.

3 마지막으로 박하 잎과 줄기를 깨끗이 씻어 물기를 닦아낸 후 잔에 올려 장식한다.

Tips

수박의 시원한 맛과 향, 그리고 보드카의 화끈한 맛이 어우러져 있어, 시원하면서도 뜨거운 느낌을 동시에 받을 수 있다. 입에 넣었을 때 가장 먼저 느껴지는 달짝지근한 맛에 유혹되어 꿀꺽 삼키면, 목구멍으로 뜨거운 열기가 타고 흐르면서 칵테일이 숨기고 있던 본성을 드러낸다.

블루 슬러시

재료

파인애플즙 240mL, 블루 큐라소 120mL, 보드카 120mL, 농도
가 짙은 코코넛밀크 120mL, 조각 얼음 4컵(약 240g), 잘게 부순
코코넛 과육 약간

만들기

조각 얼음, 파인애플즙, 블루 큐라소, 보드카, 코코넛밀크를 믹
서에 넣어 충분히 간다. 이것을 잔에 담고, 마지막으로 코코넛
과육을 뿌려 장식한다.

Tips

열熱을 나타내는 표현 중에 외유내강이라는 말
이 있다. 이 '블루 슬러시'라는 칵테일에 딱 어
울리는 표현이다. 차가운 파란색 때문에 보자
마자 슬러시처럼 차갑고 도도한 미인이 연상
된다. 하지만 한 모금 삼키면, 보드카의 뜨거운
열기가 이내 목구멍을 타고 내려가며 마음 깊
은 곳까지 파고든다.

마이 타이

재료

오렌지 1개, 라임 1개, 다크 럼 30mL, 화이트 럼 30mL, 오렌지즙 60mL, 트리플 섹 30mL, 그레나딘(석류 시럽) 5mL, 박하 잎 조금(장식용), 술에 절인 체리 조금(장식용)

만들기

1 오렌지를 2mm로 아주 얇게 편으로 썬 후 몇 장을 술잔에 넣어둔다. 남은 오렌지는 장식하는 데 쓴다. 라임은 장식용으로 쓸 1조각을 미리 잘라놓고, 남은 것으로는 즙을 짜놓는다.

2 다크 럼, 화이트 럼, 오렌지즙, 트리플 섹, 그레나딘, 라임즙을 함께 칵테일 셰이커에 넣고 힘껏 섞어준 후 술잔에 따른다.

3 썰어놓은 오렌지, 장식용 라임 조각, 술에 절인 체리, 박하 잎으로 술잔을 꾸며준다.

Tips

마이 타이Mai Tai 칵테일은 미국에서 태어났다. 마이 타이 칵테일은 열대 칵테일의 대표 주자다. 열정적인 뜨거운 계열의 색상에 이끌려 한 잔 마시면, 오히려 몸이 서늘해진 것 같은 기분을 맛볼 수 있다.

골든 버블

재료

라즈베리 4개, 레몬 1개, 레몬 술 60mL,
샴페인 300mL

만들기

1 라즈베리는 깨끗이 씻어 물기를 닦아
  두고, 레몬은 겉껍질(제스트)을 벗겨내
  가늘게 채 썬 형태로 만든다.

2 잔 두 개를 깨끗이 씻어 물기를 닦는
  다. 라즈베리를 살살 눌러 과즙이 나
  오도록 해놓은 상태에서 잔에 나누
  어 넣는다. 각각의 잔에 30mL씩 레
  몬 술을 넣고 마지막으로 준비해놓
  은 샴페인을 나누어서 넣는다.

3 맨 위에 ①의 레몬 껍질채를 얹어 장
  식한다.

새빨간 라즈베리를 황금색 샴페인에
띄우면, 샴페인에서 쉼 없이 열정적으
로 쏟아져 나오는 물거품이 잔 안에서
사라락 소리를 내며 라즈베리가 있는
곳까지 올라가 맺힌다. 샴페인 대신 물
거품이 나오는 다른 술을 써도 된다.

샤인 핑크

재료

진 50mL, 라임즙 15mL, 라즈베리 장미 농축액 15mL, 리치즙 75mL, 조각 얼음 적당량, 리치 몇 개(장식용), 라즈베리 몇 개(장식용)

만들기

1 잔에 개인 기호에 따라 적당량의 조각 얼음을 넣고, 여기에 라즈베리를 몇 개 넣는다.

2 칵테일 셰이커에 진, 라임즙, 라즈베리 장미 농축액, 리치즙을 넣는다. 칵테일 셰이커 뚜껑을 닫고 충분히 흔든 후 ①에서 준비해놓은 잔에 따른다.

3 꼬치에 리치와 라즈베리를 한 개씩 끼운 후, 술잔에 얹어 장식한다.

Tips

색상이 아름다운 이 칵테일은 봄을 한껏 품은 수줍은 소녀를 연상시킨다. 그래서 마냥 달콤하기만 할 것 같은데, 어디엔가 살짝 시고 떫은맛이 숨어 있다. 이제 막 사랑에 눈뜨기 시작한 것 같은데, 간직하고 있던 불같이 강렬한 마음을 숨길 수 없는 것처럼 말이다.

칵테일의 출발점, 기본 주

01 럼Rum은 사탕수수로 만든다. 향미가 독특하지만 누구나 거부감 없이 받아들일 수 있는 맛과 향이 있어 간단하면서도 쉽게 칵테일을 만들 수 있다. 우유, 코코넛밀크처럼 단백질이 함유된 음료로 칵테일을 만들 때, 최상의 기본 주는 바로 럼이다. 술이 단백질과 반응해 이물질을 생성하는 현상이 럼에서는 일어나지 않아 칵테일을 마실 때 이물감이 없어서다. 럼은 화이트 럼, 골드 럼, 다크 럼으로 나뉜다. 화이트 럼은 오래 묵히지 않은 것으로 맑고 투명하며 가장 대중적이다. 골드 럼은 오래 묵혔기 때문에 술에서 황금색이 돈다. 술에서 사탕수수 향이 나기 때문에 럼을 기본 주로 한 칵테일을 만드는 데 적합하다. 다크 럼은 가장 오랫동안 숙성시킨 것으로 진한 갈색이 돈다. 향미가 가장 풍부하고 맛도 다양하다. 아주 진한 초콜릿 향이 나며 몇 가지 고전적인 칵테일에만 고정적으로 사용된다.

02 테킬라Tequila는 칵테일로 사용되는 기본 주 가운데 여성들이 가장 선호하는 술이다. 맛이 독특하며, 다른 술의 맛을 잘 중화시켜준다. 테킬라의 꽃말에는 '물불을 가리지 않는 진한 사랑'이란 뜻이 담겨있다. 또한 테킬라는 색상이 아름다운 칵테일을 제조할 때 쓰기에 적합하다.

03 보드카Vodka는 순수하면서도 강렬한 맛이 있으며, 칵테일에서 주정의 역할을 톡톡히 해낸다. 게다가 혼자 튀려고 다른 칵테일 재료의 맛을 찍어 누르지도 않는다. 보드카는 이처럼 변화무쌍한 면모를 지니고 있어 기본 주의 왕으로 불린다. 보드카로 칵테일을 만들면 다른 재료가 지닌 독특한 맛을 잘 드러낼 수 있다. 보드카가 알코올 도수의 세기만 조절하는 역할을 하기 때문이다. 또한 보드카는 다른 재료보다 위로 뜨는 성질이 강해 칵테일 상단에 불을 붙이는 효과도 낼 수 있다.

04 진Gin은 주니퍼 베리를 넣어 만든 술로 향이 진하고, 무색투명하며, 상쾌한 맛이 있다. 진은 칵테일을 위해 태어난 술이라 할 수 있다. 진에서는 주니퍼 베리가 내는 독특한 향이 난다. 그래서 순전히 이 술만 즐기는 사람은 그다지 많지 않다. 반면 이 특이한 향 덕분에 진은 '칵테일의 핵심'이 될 수 있었다. 진으로 칵테일을 만들면 맛이 진하면서도 기묘해지지만, 희한하게도 마실수록 빠져들게 되는 독특한 매력이 있다. 그래서 사람들은 진은 칵테일로 만들어 마실 때가 가장 맛있다고 생각한다.

칵테일을 장식하는
간단한 방법들

알코올이 칵테일을 열정적으로 만들어준다면, 장식은 칵테일을 더욱 핫해 보이게 만든다. 칵테일은 일단 보기에 예쁘고 멋져야 마시고 싶다는 생각이 든다. 그래서 매우 간단한 방법으로 칵테일을 멋지고 예쁘게 장식하는 방법을 소개하려 한다. 이 기묘한 발상을 응용해 칵테일을 향한 열정에 불을 붙여보기 바란다!

01 오렌지 껍질로 만든 장미

오렌지 껍질을 10cm 길이로 길게 깎아낸다. 이것을 한쪽 끝에서부터 말고, 이쑤시개를 꽂아 모양을 고정하면 예쁜 장미가 완성된다. 이때 오렌지 껍질을 최대한 얇게 깎는 것이 중요하다. 오렌지 대신 레몬과 라임으로도 만들 수 있다.

02 꽃과 꽃잎 몇 장

만약 장식하는 데 너무 공을 들이고 싶지 않다면, 꽃을 활용하는 게 최선의 선택이 될 수 있다. 작은 데이지 꽃이나 장미 꽃잎 몇 장을 잔 안에 조심스레 뿌려주는 것만으로도 충분히 눈 호강이 될 수 있다. 특히 칵테일의 색상에 맞춰 비슷한 색상의 꽃으로 장식하면 좋다.

03 예쁜 장식용 얼음

칵테일에는 대개 얼음을 넣는다. 따라서 사전에 예쁜 얼음을 만들어놓는다면, 장식할 때의 수고로움을 많이 아낄 수 있다. 허브나 꽃을 넣어 얼음을 만들면 된다.

04 장과류로 만든 꼬치

장과漿果(과육에 수분이 많고 조직이 연한 열매로, 포도, 라즈베리, 블루베리, 오디, 석류, 방울토마토, 무화과, 대추 등이 있다―역자)류 과일 중 작고 예쁜 종류는 장식할 때 활용하기 좋다. 이쑤시개에 꿰어 잔에 사선으로 꽂거나, 잔 위에 얹으면 된다. 얼려서 사용하면 표면에 얇은 서리가 내려앉아 그 나름대로 독특한 멋이 연출된다.

05 구불구불한 레몬 껍질

레몬 껍질은 정말로 좋은 장식 재료다. 가늘고 길게 깎아낸 레몬 껍질을 젓가락에 촘촘히 말아준 후 레몬 껍질을 젓가락에서 빼내 술잔 벽에 매달 듯 얹어보자. 쉽고 간단하게 만든 구불구불한 모양의 레몬 껍질이 칵테일을 한층 더 멋있게 만들어준다.

얼음, 그리고 불 글 & 사진 | 양타오

불같이 매운 음식을 먹을 때, 그것과 함께 먹고 싶은 딱 하나의 음식이 무엇이냐고 묻는다면, 어쩌면 심장마저 얼어붙게 만들 만큼 차가운 음식이 가장 제격일 것이다. 얼음과 불, 완전히 상반된 이 두 양극은 서로의 단점을 보완해주는 짝이 될 수 있다. 얼음은 매운맛이 지닌 불처럼 뜨거운 성질을 도드라지게 해줄 뿐만 아니라, 불에게 가호를 내려 온순해지도록 만든다. 그러니 만약 차가운 얼음이 없다면, 어찌 뜨거운 불에 대해 논할 수 있겠는가!

오렌지 향 과일 아이스 바
(만드는 방법 102쪽 참고)

101

오렌지 향 과일 아이스 바

재료

오렌지 2개, 딸기 100g, 키위 2개, 블루베리 50g, 광천수 100mL, 아이스 바 틀 10구

만들기

1 오렌지는 껍질을 벗겨 알맹이를 분리한 후 믹서에 넣는다. 여기에 광천수를 넣고 갈아 오렌지주스를 만든다. 주스에 있는 알갱이는 걸러내고 액체만 남긴다.

2 딸기는 깨끗이 씻어 꼭지를 제거한 후 세로 방향으로 넓적하게 썬다. 키위도 껍질을 벗겨 편으로 썰어둔다. 블루베리는 깨끗이 씻은 후 반으로 가른다.

3 썰어둔 과일을 아이스크림 틀에 넣는다. 이 틀에 오렌지주스를 붓고 아이스크림 손잡이를 꽂는다. 틀을 냉동실에 넣고 4시간가량 얼리면 아이스크림이 완성된다.

손가락 빙과

재료

금귤 5개, 박하 잎 10g, 냉동 블루베리 20g, 냉동 라즈베리 20g, 레모네이드 200mL, 빙과 틀

만들기

1 금귤은 모두 사등분한다. 박하 잎은 줄기 부분은 제거하고 잎 부분만 남긴다. 다듬은 박하 잎을 깨끗이 씻은 후 물기를 제거해둔다.

2 실리콘으로 된 손가락처럼 길고 가는 모양의 빙과 틀을 준비한다. 틀 안에 금귤, 박하 잎, 블루베리, 라즈베리를 자유롭게 배치한다. 여기에 레모네이드를 붓고 냉동실에 넣어 얼린다.

3 꽁꽁 얼면 꺼내 먹으면 된다.

생크림 아이스 셰이크

재료

조각 얼음 2컵(약 120g), 우유 240mL, 인스턴트 초콜릿 파우더(단맛이 추가된 것) 3큰술, 초콜릿 시럽 30mL, 스프레이 생크림 적당량

만들기

1 조각 얼음, 우유, 초콜릿 파우더를 함께 믹서에 넣는다. 재료가 완전히 혼합되도록 약 1분 동안 갈아 아이스 셰이크를 만든다.

2 두 개의 커다란 유리잔을 준비한다. 각각의 잔에 초콜릿 시럽을 15mL씩 짜 넣고, 여기에 ①에서 만든 아이스 셰이크를 넣는다.

3 아이스 셰이크 상단에 스프레이 생크림을 적당량 분사해서 올리고, 생크림 위에 여분의 초콜릿 파우더를 뿌려 장식한다.

아이스 마키아토

재료

전지 우유 **120mL**, 조각 얼음 1컵(60g),
블랙커피(이탈리아식 에스프레소) **60mL**,
캐러멜소스 1큰술

만들기

1 유리잔 한 개를 준비한다. 유리잔 내
  벽에 약간의 캐러멜소스를 붓는다.

2 전지 우유를 전자레인지에 넣고
  30~40초 정도 가열한다. 따뜻해진
  우유를 거품기로 거품낸 후 ①에서
  준비해놓은 유리잔에 따른다.

3 여기에 조각 얼음을 넣는다. 얼음
  을 넣을 때 유리잔에 넣어둔 우유
  의 높이가 컵 입구로부터 약 2cm
  정도 아래에 오도록 한다.

4 블랙커피(또는 에스프레소)를 조각 얼
  음과 우유 위에 천천히 붓는다. 마
  지막으로 남은 캐러멜소스를 뿌려
  장식한다.

딸기레몬주스

재료

딸기 250g, 레몬 2개, 조각 얼음 2컵(약 120g), 광천수 100mL, 백설탕 2큰술(장식용)

만들기

1 레몬 1+1/2개를 짜서 레몬즙을 만든다. 남은 1/2개의 레몬은 편으로 썰어둔다.

2 유리잔 입구 전체 테두리에 레몬즙을 묻힌다. 레몬즙을 바른 잔 테두리에 백설탕 입자를 골고루 묻힌다.

3 딸기는 깨끗이 씻은 후 물기를 닦아내고, 장식용으로 쓸 4개만 남기고 모두 꼭지를 제거한다. 손질한 딸기, 레몬즙, 조각 얼음, 광천수를 모두 믹서에 넣고 갈아 주스를 만든다.

4 주스를 ②의 잔에 담고, 상단에 딸기와 레몬 조각을 얹어 장식해 마무리한다.

Tips

딸기레몬주스를 만들 때 설탕을 첨가하지 않았다. 주스에 넣은 과일에서 새콤달콤한 맛이 나오기 때문이다. 하지만 딸기는 품종에 따라 당도와 산도가 다르다. 그러므로 주스를 만든 후에 살짝 맛을 보는 게 좋다. 만약 달게 먹는 사람이라면 기호에 따라 설탕 등과 같은 당분을 적당량 넣고 골고루 섞으면 된다.

Tips

얼린 멜론 구슬은 지퍼백에 넣어
냉동 보관하면 필요할 때마다 꺼내
먹을 수 있다.

멜론 아이스 볼

재료

씨 없는 수박 1/4개, 캔털루프멜론(노
란색 과육) 1/2개, 머스크멜론(초록색 과
육) 1개, 양구멜론(흰색 과육) 1개, 탄산수
1L, 라임 1개, 박하 잎 1움큼

만들기

1 캔털루프멜론, 머스크멜론, 양구멜
  론은 씨앗을 제거한다. 수박과 각
  각의 멜론을 과일 스쿱을 이용해
  구슬 모양으로 퍼낸다.

2 넓은 쟁반에 유산지를 깔고, 구슬
  모양으로 퍼낸 수박과 멜론을 펼쳐
  놓는다. 이때 서로 붙지 않도록 떨
  어뜨려 놓아야 한다. 이것을 냉동
  실에 4시간 정도 넣어 얼려 수박과
  멜론 구슬을 만든다.

3 얼린 수박과 멜론 구슬을 꺼내 유리
  잔에 담고 탄산수를 붓는다. 여기에
  라임과 박하 잎을 얹어 장식한다.

초코 키위 아이스크림

재료

키위 4개, 다크 초콜릿 100g, 야자유 60mL, 아이스크림용 막대 12개

만들기

1 키위는 껍질을 벗겨 편으로 썬다. 이때 두께는 1.5cm로 한다. 각각의 키위 조각에 아이스
  크림용 막대를 꽂는다.

2 쟁반에 유산지를 깔고 막대를 꽂은 키위를 놓는다. 이것을 냉동실에 2시간 동안 넣어 얼
  린다.

3 잘게 부순 다크 초콜릿에 야자유를 넣고 중탕으로 녹인다. 이때 초콜릿과 야자유가 골고
  루 섞이도록 저어준다. 완성한 초콜릿 시럽을 실온에 두고 식힌다.

4 ③에서 만든 초콜릿 시럽을 얼린 키위 표면에 골고루 바른다. 초콜릿 옷을 입은 키위를 다
  시 쟁반에 올려 냉동실에 넣는다. 2시간 이상 넣어두면 초콜릿이 굳어 바삭한 초코 키위
  아이스크림이 완성된다.

파티,
그리고 매운맛의 반란

매운맛을 좋아하는 사람은 음식이 맵지 않으면 안 된다. 꽤
자주 엄청나게 매운 음식 몇 가지를 대충대충 만들어 홀로 매
운맛에 대한 욕구를 충족시키려 한다. 하지만 매운맛을 제대
로 신나게 즐기려면, 파티를 열어 함께 즐기는 편이 훨씬 낫지
않을까?

똠얌 스타일 팝콘

재료

전자레인지용 팝콘(오리지널 맛) 1포, 매운 고추(샤오미라, 14쪽 참조) 2개, 레몬그라스 1줄기, 레몬 잎 6장, 팜 슈거(또는 굵은 설탕) 2큰술, 식용유 1큰술

만들기

1 전자레인지용 팝콘을 튀긴 후 봉투를 열어 안에 있는 열기를 뺀다. 매운 고추, 레몬그라스, 레몬 잎은 잘게 다져둔다.

2 팬(웍)에 식용유를 조금 두르고 중간 불에서 가열한다. 기름 온도가 150도 정도 되었을 때 고추, 레몬그라스, 레몬 잎, 팜 슈거를 넣는다.

3 팜 슈거가 모두 녹아 살짝 갈색이 돌 때, 튀겨둔 팝콘을 팬에 넣는다. 팬 안의 양념이 팝콘에 골고루 묻도록 섞는다.

매운 옥수수구이

재료

단 옥수수 5개, 매운 고추(차오톈자오, 15쪽 참조) 2개, 양파 1/2개, 고수 작은 1움큼, 타바스코소스 1큰술, 소금·흑후춧가루 약간씩, 식용유 1큰술, 꿀 1큰술

만들기

1 단 옥수수는 껍질을 절반 정도만 제거한다. 다시 말해 옥수수 껍질 일부는 남겨두어야 한다. 매운 고추, 양파, 고수는 각각 잘게 다져놓는다.

2 옥수수 껍질을 벌려 옥수수 알갱이가 드러나게 한다. 옥수수 알갱이 위에 약간의 소금과 흑후춧가루를 뿌리고, 다시 이 위에 고추, 양파, 고수 다진 것을 뿌린다. 여기에 타바스코소스, 식용유, 약간의 꿀을 뿌린다. 양념한 옥수수를 옥수수 껍질로 다시 감싼 후 알루미늄 포일을 깐 오븐용 팬에 올린다.

3 옥수수 위쪽으로 알루미늄 포일을 덮은 후 팬 가장자리를 밀봉한다. 이것을 200도로 예열한 오븐에 넣고 15분 정도 굽는다. 마지막으로 알루미늄 포일과 옥수수 껍질을 열고 5분 동안 더 굽는다.

로즈메리 돼지고기꼬치

재료

돼지고기 목살 1kg, 꼬치로 쓸 로즈메리 가지 8개분, 마늘 2쪽,
레몬 겉껍질(제스트) 1작은술, 펜넬 씨 1작은술, 굵은 고춧가루 1큰
술, 올리브유 60mL, 소금·굵은 흑후춧가루 약간씩

만들기

1 돼지고기 목살을 3cm 크기로 깍둑썰기 한다. 로즈메리는 아
래쪽에 있는 잎은 떼고 위쪽 가지에 있는 잎만 남긴다. 잎을 제
거한 아래쪽 가지의 끝 부분은 돼지고기 목살을 꽂을 수 있도
록 사선으로 날카롭게 잘라놓는다.

2 로즈메리 잎, 마늘, 레몬 겉껍질, 펜넬 씨, 굵은 고춧가루, 올리
브유, 소금, 흑후춧가루를 모두 푸드프로세서에 넣고 고운 입
자가 되도록 분쇄해 양념을 만든다. 양념 중 절반만 잘라둔 돼
지고기에 골고루 바른다.

3 양념을 바른 돼지고기를 10분 동안 재운 후 로즈메리 가지에 꽂
는다. 바닥이 두꺼운 팬을 중간 불로 가열한다. 여기에 돼지고기
꼬치를 올리고 양쪽을 각각 5분씩, 총 10분 동안 익힌다. 식탁에
올릴 때 ②에서 만들어놓은 남은 양념을 함께 낸다.

생강 맛 참치 퀴노아 스시

재료

참치 필렛 300g, 오이 1개, 어린 시금치 잎 1컵, 연두부 1모, 일본식 절인 생강 100g, 블랙 퀴노아 145g, 냉수 250mL, 일본식 간장 2큰술, 블랙 치아시드 1큰술, 볶은 흑임자 1큰술, 스시용 김 4장, 알팔파 싹 1움큼, 김발 1개

만들기

1 연두부, 절인 생강 1큰술, 절인 생강 국물 1큰술을 푸드프로세서에 넣고 곱게 갈아 두부소스를 만들어둔다. 냄비에 블랙 퀴노아와 냉수 250mL를 넣고 센 불로 끓인다. 물이 끓어오르면 약한 불로 바꾸고 뚜껑을 닫은 상태에서 15분 정도 더 끓인다. 불을 끄고 일본식 간장을 넣고 섞은 후, 뚜껑을 덮고 잠시 뜸을 들였다가, 약간 서늘한 곳에 둔다. 익힌 퀴노아에 두부소스 1/3을 넣고 섞는다.

2 블랙 치아시드와 흑임자를 넓은 팬에 섞어놓는다. 참치 필렛을 2cm 두께 길이로 자른 후 겉면에 치아시드와 흑임자 섞은 것을 골고루 묻힌다. 이때 참치를 씨앗 위에 올려놓고 굴려주면 쉽게 골고루 묻힐 수 있다.

3 오이는 세로 방향으로 4등분한 후 씨앗 부분을 제거한다. 김발에 김 1장을 깔고 ①의 두부소스로 버무린 퀴노아를 한 겹 깐다. 이때 김의 한쪽은 3cm 정도 비워두어야 한다. 퀴노아 위에 차례대로 참치, 오이, 어린 시금치 잎, 절인 생강, 알팔파 싹을 얹은 후 말아준다.

4 둥글게 말은 스시를 두툼하게 편으로 자른다. 식탁에 낼 때 ①에서 만든 남은 두부소스를 곁들인다.

고춧가루 옷을 입힌 갯가재소금찜

재료

갯가재 1kg, 굵은소금 1kg, 굵은 흑후춧가루 2큰술,
굵은 고춧가루 1큰술, 레몬 1/2개, 식용유 1큰술

만들기

1 갯가재를 깨끗이 씻어 물기를 닦아낸 후 표면
   에 식용유를 한 겹 바른다. 여기에 흑후춧가루
   와 고춧가루를 골고루 묻혀둔다.

2 굵은소금을 철판 팬에 깔고 볶아 가열한다. 오
   븐용 팬에 알루미늄 포일을 깔고, 이 위에 볶아
   서 뜨거워진 소금을 깐다. 소금 위에 고춧가루
   옷을 입힌 갯가재를 얹는다. 남은 소금으로 갯
   가재를 덮고, 알루미늄 포일을 감싸 재료를 밀
   봉한다. 이것을 200도로 예열한 오븐에 넣고
   30분 동안 찐다.

3 오븐에서 꺼낸 후 갯가재에 붙은 소금을 떨어
   낸다. 레몬즙을 약간 뿌리고 취향에 따라 허브
   잎을 뿌려 식탁에 올린다.

매운 미국식 돼지갈비

재료

돼지갈비 1kg, 타임 잎 작은 1움큼, 양파가루 2작은술, 마늘가루 2작은술, 파프리카 파우더 2작은술, 바비큐소스 3큰술, 꿀 2큰술, 소금·굵은 후춧가루 약간씩

만들기

1 돼지갈비는 뼈를 세 대씩 붙여 자른 후 등쪽에 붙은 근막을 제거해둔다.

2 양파가루, 마늘가루, 파프리카 파우더, 바비큐소스, 꿀, 소금, 후춧가루를 골고 루 섞어 양념을 만든다. 이 양념을 돼지갈비에 발라 3시간 동안 재운다.

3 오븐을 220도로 예열한다. 오븐용 팬에 알루미늄 포일을 깐 후 여기에 양념한 돼지갈비를 올린다. 돼지갈비 위에 타임 잎을 뿌리고, 알루미늄 포일로 돼지 갈비가 담긴 오븐용 팬을 덮는다. 이때 사방이 빈틈없이 밀봉되도록 한다. 이 것을 오븐에 넣어 2시간 30분 동안 굽는다.

할루미치즈 호박 파니니

재료

늙은 호박 500g, 할루미Halloumi치즈 100g, 체리 래디시 5개, 양파 1개, 파슬리 잎 1움큼, 그릭 요거트(무첨가물 떠먹는 요구르트) 1/2컵, 올리브유 2큰술, 고춧가루 1큰술, 계핏가루 1작은술, 소금·흑후춧가루 약간씩, 치아바타 4개, 버터 40g

만들기

1 늙은 호박을 큼직하게 잘라 올리브유, 고춧가루, 계핏가루, 소금을 골고루 묻힌다. 이것을 알루미늄 포일로 싸서 200도로 예열한 오븐에 넣고 30분 동안 굽는다. 알루미늄 포일을 개봉한 상태에서 다시 10분을 굽는다. 오븐에서 꺼낸 호박은 거칠게 으깨놓는다.

2 체리 래디시를 얇게 편으로 썰고, 양파는 채 썰고, 파슬리는 깨끗이 씻어 잘게 다져놓는다. 치아바타 빵은 가운데에 깊숙이 칼집을 넣는다. 갈라놓은 양면에 버터를 바르고 200도 오븐에서 5분 정도 굽는다.

3 할루미치즈는 0.5cm 두께로 넓게 잘라놓고, 넓은 팬에 얹어 양면을 노릇노릇하게 굽는다.

4 구운 치아바타 안에 으깬 호박, 할루미치즈, 체리 래디시, 양파를 넣고 그릭 요거트를 약간 뿌린다. 마지막으로 파슬리와 후춧가루를 뿌려 식탁에 올린다.

고추 초콜릿 케이크

재료

박력분 375g, 베이킹파우더 8g, 코코아가루 50g, 달걀 4개, 우유 375mL, 슈거 파우더 300g, 무염 버터 250g, 다크 초콜릿 200g, 바닐라 에센스 2작은술, 파프리카 파우더 1작은술, 크림치즈 250g, 사우어 크림 100g, 설탕 60g, 굵은 고춧가루 2작은술, 지름 20cm 케이크 틀

만들기

1 다크 초콜릿은 중탕으로 녹인다. 푸드프로세서에 차례대로 달걀, 우유, 슈거 파우더, 무염 버터(250g), 녹인 다크 초콜릿, 바닐라 에센스, 파프리카 파우더, 박력분, 코코아가루, 베이킹파우더를 넣고 표면이 매끄러워질 때까지 섞은 후 냉장실에 넣어둔다.

2 오븐을 180도로 예열한다. 지름 20cm의 케이크 틀 내부에 버터(재료 용량에 포함되지 않음)를 바르고, 밀가루를 얇게 뿌린다. 틀을 살짝 톡톡 쳐서 필요 이상으로 묻은 밀가루를 털어낸다. 케이크 틀 안에 ①의 반죽을 붓고, 틀을 책상에 가볍게 여러 번 내리쳐서 반죽 안에 들어있는 큰 기포를 뺀다. 틀 안에 넣은 반죽의 면을 평평하게 정리한 후 오븐에 넣어 45분 동안 굽는다.

3 다 구워진 케이크 시트는 틀에서 꺼내지 말고 10분 동안 방치한다. 케이크 시트를 틀에서 꺼낸 후에는 그릴 위에 얹어놓고 식힌다. 다 식으면 칼을 뉘여 횡으로 저미듯 반 가른다.

4 크림치즈를 실온에서 저어 부드럽게 만든다. 부드러워진 크림치즈에 사우어 크림과 설탕을 넣고 겉면에 광택이 돌 때까지 섞어준다. 이렇게 만든 크림을 일부는 케이크 시트 1단 상단에 바르고, 나머지는 케이크 시트 2단 상단에 발라 2단 케이크를 만든다. 마지막으로 케이크 위에 굵은 고춧가루를 뿌려 완성한다.

흑후추로 맛낸 새우 샐러드

재료

대하(칭샤, 47쪽 참조) 20마리, 마늘 2쪽, 굵은 흑후춧가루 1큰술, 어린 시금치 잎 200g, 풋콩(콩 낱알) 1컵, 브로콜
리 200g, 매운 고추(차오톈쟈오, 15쪽 참조) 1개, 국간장(성처우, 27쪽 참조) 2큰술, 올리브유 3큰술, 꿀 1큰술, 소금·후
춧가루 약간씩, 고수 잎 약간

만들기

1 새우는 몸통과 꼬리 부분만 그대로 남긴 채 머리와 껍데기, 내장을 제거한다. 곱게 빻은 마늘에 올리브유 1큰
   술, 약간의 소금을 넣어 마늘 양념을 만든다. 이 마늘 양념을 새우와 혼합해 잠시 재운다.

2 오븐을 200도로 예열한다. 오븐용 팬에 종이 포일을 깔고 재워놓은 새우를 깐다. 새우 위에 굵은 흑후춧가
   루를 빼곡히 묻힌 후 오븐에 넣어 5분 동안 굽는다. 다 익은 새우를 오븐에서 꺼내놓는다.

3 시금치 잎을 깨끗이 씻어 물기를 털어낸다. 냄비에 물을 끓여 풋콩 낱알, 브로콜리를 각각 따로 넣어 익힌
   다. 익힌 브로콜리와 풋콩 낱알은 찬물에 담가 식힌 후 물기를 털어낸다.

4 ③에서 준비해놓은 채소를 모두 큰 그릇에 담는다. 고추를 다진 후, 작은 그릇에 다진 고추, 국간장, 남은 올
   리브유, 꿀, 소금·후춧가루 약간씩, 물 2큰술을 넣어 섞는다. 이렇게 만든 드레싱을 그릇에 담아놓은 채소
   에 뿌린다. 여기에 구워놓은 ②의 새우와 고수를 넣어 마무리한다.

매운 도미찜

재료

도미 2마리(마리당 약 450g), 홍고추(메이런쟈오, 14쪽 참조) 3개, 마늘 1쪽, 라임 1개, 생강 1토막(10g), 고수 1움큼, 쌀 식초 1/2큰술, 정위구유(蒸魚鼓油, 생선찜용 간장 소스) 1큰술, 참기름 1큰술, 소금 약간

만들기

1 도미는 깨끗이 씻은 후 키친타월로 물기를 제거하고 몸통에 칼집을 낸다. 도미 안팎으로 약간의 소금을 뿌려 문질러놓는다. 홍고추는 1개는 곱게 다지고 나머지 2개는 어슷썰어 놓는다. 마늘은 곱게 빻고, 라임은 편으로, 생강은 채 썰어놓는다.

2 도미 몸통에 내놓은 칼집 위에 어슷썬 고추, 라임 편, 생강채를 얹는다. 향신채를 얹은 두 마리 도미를 종이 포일로 감싸 찜기에 넣고 12분 동안 찐다.

3 그릇에 쌀 식초, 정위구유소스, 참기름, 잘게 다진 홍고추, 곱게 빻은 마늘을 넣고 골고루 섞어 양념장을 만든다. 도미가 다 쪄지면, 종이 포일을 열고 양념장을 뿌린 후 고수를 얹어 마무리한다.

구운 망고를 곁들인 프로즌 요구르트

재료

그릭 요거트(무첨가물 떠먹는 요구르트) 2잔분, 맥아당 125g, 바닐라 에센스 1 작은술, 망고 2개, 야자유 약간, 고춧가루·소금 약간씩, 박하 잎 약간

만들기

1 커다란 그릇에 그릭 요거트, 맥아당, 바닐라 에센스를 넣고 골고루 섞는다. 이것을 넓고 평평한 그릇에 붓고 냉동실에 넣어 2~3시간 동안 얼린다. 냉동실에서 꺼낸 요거트를 조각낸다. 이것을 푸드프로세서에 넣고 얼음 알갱이가 될 정도로만 간다. 얼음 알갱이가 된 요거트를 다시 용기에 넣고 2시간 30분 동안 얼린다. 만약 가정에 아이스크림 제조기가 있다면 이 기계를 사용하면 좋다.

2 망고를 세모꼴로 길게 토막 낸 뒤 겉면에 야자유를 한 겹 발라놓는다. 바닥이 두꺼운 팬을 센 불에서 가열해 팬이 달궈지면 망고의 절단면이 아래로 향하게 얹는다. 망고의 절단면이 익으면서 무늬가 생기면 팬에서 꺼내놓는다.

3 얼린 그릭 요거트를 냉동실에서 꺼내 잔에 담는다. 그 옆에 망고를 세로로 세워 얹고 고춧가루와 소금을 뿌린다. 마지막으로 박하 잎을 얹어 장식한다.

천연 조미료로 입맛 되살리기

천연 유기농 원료에는 순수하고 선명한 맛이 있다.
유기농 조미료만의 선명하고 진한 맛으로
매운 것에 익숙해진 맛봉오리에 휴식을 선사하자.

야채햄간장볶음밥

제맛 내는 간장 하나만 있으면 다른 조미료 필요 없다

재료

쌀밥 1그릇, 당근 1/2개, 완두콩 작은 1움큼, 양파 1/4개, 서양식 햄 작은 1토막(30g), 허란
유지춘장유(禾然有机醇醬油. 유기농 간장)* 1큰술, 식용유 1큰술

만들기

1 당근은 깨끗이 씻어 껍질을 벗기고 사방 **0.5cm** 크기로 네모나게 썬다. 양파는 껍질을
제거한 후 당근과 같은 크기로 작게 자른다. 햄도 작고 네모난 크기로 썰어둔다.

2 냄비에 물을 끓인다. 여기에 완두콩과 당근을 넣고 **2분** 동안 삶은 후 꺼내 물기를 제거
해둔다.

3 센 불에 팬을 달군 후 식용유를 두른다. 기름 온도가 **180도** 정도 되면 양파를 넣고 볶
아 양파 향을 낸다. 여기에 당근, 완두콩, 햄을 넣고 골고루 섞으며 볶는다.

4 여기에 쌀밥을 넣는다. 뒤집개로 뭉쳐있는 밥알을 모두 흐트러뜨리며 빠르게 볶는다.
마지막으로 허란유지춘장유(간장)을 넣어 골고루 섞어가며 볶아주면 된다.

> * **허란유지춘장유**
> 유기농 원료를 사용해 전통적인 제조 방법으로 만든 간장이다. 그
> 덕분에 유기농 재료의 맛이 고스란히 살아있고, 자연스러운 맑은
> 갈색을 띤다. 충분히 시간을 들여 만들었으므로 향이 진하다. 간장
> 본연의 향과 유기화합물의 하나인 에스테르Ester 향이 진하게 나서
> 그야말로 신선한 맛 그 자체. 다른 재료와 조합해도 맛이 잘 어우
> 러지며, 이 간장 하나만으로도 제대로 된 음식 맛을 낼 수 있다. 각
> 종 볶음 요리 외에도 국물 요리, 냉채에서도 제대로 빛을 발한다.

일본식 게맛살 샐러드

진한 맛과 상쾌한 맛을 동시에 살려주는 식초

재료

게맛살 150g, 체리 래디시 3뿌리, 오크라 3개, 상추 1/2포기, 엔다이브 잎 약간, 사과 1/4개, 양파 1/4개, 허란유지차오미추(禾然有机糙米醋, 유기농 현미 식초)* 2큰술, 허란유지춘장유(유기농 간장, 134쪽 참조) 1큰술, 올리브유 1큰술, 소금 1/5작은술, 백설탕 1큰술

만들기

1 사과와 양파는 깨끗이 씻어 껍질을 벗기고 곱게 간다. 여기에 허란유지차오미추(식초), 허란유지춘장유(간장), 올리브유, 소금, 백설탕을 넣고 골고루 섞어 샐러드드레싱을 만든다.

2 게맛살을 적당한 크기로 토막 내 끓는 물에 넣어 30초 동안 데친다. 물에서 꺼낸 후 서늘한 곳에 두어 식힌다.

3 체리 래디시는 편으로 썰어두고, 오크라는 끓는 물에 2분 동안 데친 후 편으로 잘라둔다. 나머지 채소는 깨끗이 씻어 물기를 제거해둔다.

4 모든 채소를 커다란 그릇에 넣고 ①에서 만든 샐러드드레싱을 뿌린다. 게맛살을 올려 마무리한다.

> *** 허란유지차오미추**
> 중국 동북 지방의 유기농 현미 식초다. 엄선한 재료와 자연적인 발효 과정 덕분에 진한 맛이 난다. 조리법을 가리지 않고 사용할 수 있으며, 건강에 좋은 음료를 만들 때 써도 좋다.

PLUS 매실 칵테일

재료

매실 잼 1큰술, 탄산수 1/2병, 허란유지차오미추 2큰술, 매실주 50mL

만들기

탄산수를 제외한 모든 재료를 컵에 넣고 골고루 섞는다. 재료가 골고루 섞이면, 탄산수를 부어준다.

137

일본식 두부된장구이

강한 된장 향을 지닌 맛있는 건강식

재료

연두부(絹豆腐, 키누토우후) 1모, 허란유지츠웨이청(禾然有机赤味噌, 유기농 일본식 된장)* 4큰술, 백설탕 4작은술, 일본식 맛술 2큰술, 흰깨 약간

만들기

1 두부를 면포(또는 종이 타월)로 감싸고, 평평한 판(도마)을 얹어 누른다. 판 위에 물 한 컵을 더 얹고 20분 동안 방치해 두부에 있는 수분을 빼낸다. 이는 두부를 더 단단하게 만들기 위한 과정이다.

2 허란유지츠웨이청(일본식 된장)에 백설탕과 맛술을 넣고 골고루 섞은 후 전자레인지에서 40초 동안 가열해 일본식 된장 양념을 만든다.

3 두부를 3cm 크기로 네모나게 자른다. 오븐용 팬에 종이 포일을 깔고 두부를 얹는다. 이것을 200도로 예열한 오븐에서 5분 동안 굽는다. 오븐에서 꺼내 ②에서 만든 된장 양념을 바르고, 다시 오븐에 넣어 윗면에서 붉은색이 돌도록 굽는다. 식탁에 내기 전에 흰깨를 고명으로 올려 마무리한다.

> *** 허란유지츠웨이청**
> 중국 동북 지역에서 생산된 유기농 대두와 유기농 쌀로 만들었으며, 일정 온도에서 밀봉해 발효시켰다(적갈색의 일본 된장인 아카미소의 일종이다—역자). 이 장을 만드는 데 투입된 시간은 장에 고스란히 녹아들어 짙은 향과 계속 음미하고 싶은 맛으로 변하였다. 구이용 양념, 샐러드 소스, 된장이 들어간 찌개나 국 등을 만들 때 쓰면 좋다.

칼럼 편

PART 02

Column

태양의 맛을 품은 멕시코 글 & 사진 | 쑨난난

쑨난난孫楠楠
〈루이리 스샹 셴펑瑞麗時尚先鋒〉 잡지의 전임 편집장이며, 전문 게이머다.
먹으며 세계를 여행하는 삶을 동경해 회사에 사직서를 던지고 입만 데리고
여행하고 있다.

한 나라의 개성은 필연코 그 나라의 음식 문화에도 반영되어 나타난다. 일본에는 겸손한 장인정신이 있다. 그래서 일본 사람들은 음식을 대할 때 음식 재료 자체를 존중해 정성을 다해 섬세하고 정교하게 조리한다. 프랑스 사람들은 우아함과 화려함, 그들만의 독특한 언어습관이 있다. 그래서 프랑스 음식 문화를 보면, 대단히 의례적인 코스 요리가 발달했으며, 시각과 미각에서 영혼과 육체가 하나되어 승화하는 것을 추구한다. 멕시코는 세계 최초로 고추, 옥수수, 코코아를 길러낸 지역으로, 본래는 마야문명이 있던 곳이었지만, 점차 스페인 식민 통치자들의 문화에 물들어 마야문명과 스페인 문화가 합쳐진 문화를 지니게 되었다. 그래서 멕시코 사람들은 다음과 같은 개성을 보여준다. 우선 말이 빠르지만, 행동은 느리다. 아울러 무신경한 것 같아도 대단히 열정적이다. 그리고 매운 음식을 유독 좋아한다. 멕시코 사람들이 매운 음식을 좋아한다고 해서 고추를 단순히 미각적인 자극으로 즐기거나, 마음 단단히 먹고 도전해보는 대상 정도로 여긴다고 생각하면 안 된다. 그들에게 고추는 카리브해에서 영혼의 안녕을 선사하는 햇살처럼 멕시코 전역 어디에서나 만날 수 있는 그런 존재다. 그래서 멕시코에서는 어디를 가든 부지불식간에 매콤한 매운맛, 달콤한 매운맛, 또는 얼얼한 매운맛이 주는 행복에 휩싸이게 된다.

왼손에는 테킬라, 오른손에는 고추 소스

태양과 달의 피라미드로 유명한 테오티우아칸Teotihuacán 외곽에는 2~3미터에 달하는 용설란 선인장이 쭉쭉 뻗어있다. 이곳을 처음 방문한 사람들은 높이 솟은 선인장 때문에, 마치 자신의 몸이 갑자기 줄어들어 '이상한 나라의 앨리스'가 된 것만 같은 착각에 빠져들게 된다. 이 용설란으로, 그중에서도 근경 부분으로 술을 만드는데, 이것이 바로 멕시코를 대표하는 술이자 럼, 보드카와 함께 세계 삼대 술로 일컬어지는 테킬라다. 테킬라는 마시는 방법만으로도 사람을 한껏 흥분하게 만든다. 그래서 영화에서는 종종 테킬라 마시는 장면을 신비롭고 예측 불가능하며, 성격 급한 남자 주인공을 묘사하는 클리셰로 활용하기도 한다. 원산지에서, 특히 노천 술집에서 테킬라를 마시는 일반적인 과정을 살펴보면 다음과 같다. 먼저 "살룻Salud 건배!"이라고 외친다. 이어서 손등에 얹어놓은 소금을 먼저 핥고, 잔에 있는 술을 단숨에 비운 후 레몬을 한 입 베문다. 이 일련의 과정을 끝내면, 마지막으로 멕시코식의 통쾌한 웃음을 곁들여야 한다. 그래야 테킬라를 제대로 마신 것이 된다. 테킬라가 목구멍에서 마음 깊은 곳까지 내려갈 때의 뜨거운 열감을 별것 아니라는 듯 참아내는 묘한 기분을 웃음으로 표현해야 하는 것이다.

멕시코 고추는 전 세계 고추의 조상 격이며, 우리의 상상을 뛰어넘는 많은 변종과 다양한 맛을 지니고 있다. 그런데도 멕시코 사람들의 전통적인 식탁에서는 무조건 매워야 맛있다는 집착을 찾아볼 수 없다. 멕시코에서 가장 유명한 고추인 할라페뇨만 보아도 잘 알 수 있다. 이 고추의 맵기는 대략 **2,500~5,000SHU**이며, 맵기 순위를 따져본다면 겨우 중하위권밖에 되지 않는다. 그런데도 할라페뇨로 만든 치폴레고추Chipotle Chilli 소스는 노점이든, 고급 식당이든, 어디에서든 필수 양념처럼 만날 수 있다. 멕시코시티에서 산책하다 보면, 부리토 노점 앞에 길게 줄을 선 사람들을 볼 수 있다. 그렇다면 그 줄에 얼른 합류하기를 바란다. 차례가 돌아오면, 부리토를 만드는 청년이 칼로 쓱싹쓱싹 고기를 썰어 넣고, 여기에 치폴레고추소스와 아보카도소스를 뿌려, 제대로 된 멕시코 현지의 점심을 완성해준다. 부리토 세 개 가격은 겨우 18페소밖에 되지 않는다. 부리토를 받아들면, 성급하게 바로 그 자리에서 베어 물면 안 된다. 멕시코시티에는 도심공원이 많다. 공원에서 나무 그늘에 있는 벤치를 찾아 앉아 푸른 하늘과 한가로이 식사 중인 다람쥐를 보며 맛난 부리토를 즐겨보기를 바란다. 그래야 멕시코에서의 삶을 제대로 맛본 것이 된다.

인생의 세 가지 맛인 신맛, 단맛, 매운맛은 어디에나 있다

햇살이 풍부하게 내리쬐는 지역의 거주민들은 대체로 색채에 민감하고 색채를 중시하는 경향이 있다. 그래서 멕시코 사람들은 집을 꾸밀 때 아주 선명한 색상을 사용한다. 이뿐만이 아니다. 이들은 음식을 만들 때도 활기차 보이는 색상으로 음식을 꾸며야 직성이 풀린다. 멕시코 사람들은 시면서 단맛이 나는 고춧가루를 많이 사용한다. 과일 노점에서 파는 무, 수박부터 시원한 레몬셔벗까지, 전통시장에서 원주민 할머니가 파는 전통 나쵸와 맛난 돼지껍질튀김까지, 그리고 슈퍼마켓에서 파는 이상한 맛의 누에콩과 레이스Lay's 감자 칩까지, 모두 불꽃처럼 화려한 색상의 시고 단맛이 나는 고춧가루가 뿌려져 있다. 이때 매운맛은 그냥 슬며시 왔다 가는 카메오 정도밖에 되지 않는다. 살짝 매운맛이 감도는 음식을 더 맛있게 만들어주는 것은 오히려 신맛과 단맛이기 때문이다. 멕시코 칸쿤에서 반시간 정도 떨어진 무헤레스섬Isla Mujeres에서는 신맛, 단맛, 매운맛이 카리브해에서 건져 올린 신선한 해산물과 만나 관광객들에게 미각적인 놀라움을 선사할 준비를 하고 있다. 이 원주민이 사는 작고 가난한 섬을 축전지차를 타고 마음껏 노닐다가, 해안에 드문드문 들어선 개방형 식당과 술집에 들어가 보라. 음식 솜씨는 비슷비슷하다. 그러니 아무 곳이나 눈 닿는 곳에 들어가 보라. 그리고 백사장에 늘어선 야자나무 아래에 앉아 느긋하게 토르티야에 멕시코 고추와 새우로 만든 피자, 바닷가재구이를 즐겨보라. 마지막으로 여기에 테킬라 아이스커피를 추가하면, 매운맛이 주는 열기와 평온함이 몸 안에서 자연스레 숙성되는 걸 느낄 수 있을 것이다.

세상의 온갖 매운맛을 맛보다 이야기 제공자 | yimi

매운맛은 다섯 가지 맛 가운데 하나이며, 아주 강렬한 자극을 선사한다. 그리고 많은 사람에게 사랑받고 있는 맛이다. 미식 관련 일을 하는 yimi는 매운맛에 관해 자신만의 독특한 관점을 지니고 있었다. 그녀는 감정 기복이 심할 때, 갑갑할 때, 땀을 빼고 싶을 때, 스트레스를 해소하고 싶을 때, 심지어는 유난히 기분이 좋을 때도 매운 음식이 먹고 싶다고 말했다. 그녀에게 매운맛은 감정을 발산하는 도구였다.

yimi는 중문학과 출신으로, 어문 교사를 했으며, 현재는 미식 업계에 종사하고 있다. 그녀가 '미식가'로 성장하기까지 그녀의 삶은 모든 것이 밀접하게 연계되어 있었다. 그녀는 고등학교 때부터 미식 클럽에 가입해 활동했다. 대학에서는 교내 요리 대회에 참가해 일등을 거머쥐기도 했다. 2011년 그녀는 미식 관련 앱인 샤추팡에 자신이 개발한 조리 방법을 올리기 시작했다. 모두 140개의 조리법을 올렸고, 400만 명이 넘는 앱 가입자가 그녀의 조리법을 열람하고 저장했다. 그런데 정작 yimi의 본업은 신생 인터넷 사이트의 콘텐츠 편집장이었으니, 그야말로 그녀는 진정한 미식의 달인이었던 것이다.

yimi는 주로 외할머니의 맛이 담긴 상하이식 음식과 한국 요리, 그리고 해외여행을 하면서 세계 각지에서 맛본 색다른 음식을 소개하고 있다. 그녀의 국경을 초월한 창의적인 음식은 '범세계적인 스타일과 중국식 가정 요리의 융합'이라는 그녀 자신만의 스타일을 충분히 보여주고 있다. 그렇기에 그녀는 자주 여행하며, 세계 각지에서 자신에게 영감을 줄 것들을 찾고 있다.

한국의 순수한 매운맛

2008년 여름, yimi는 한국의 경희대학교에 교환 학생으로 갔다. 한국은 매운 음식이 보편화한 나라여서 중국과 완전히 다른 한국의 매운맛을 경험할 수 있었다. 그녀에게 한국의 매운맛은 순수했다. 기름을 쓰지 않으면서, 단순히 고춧가루만 이용해 매운맛을 내기 때문이다. 한국 음식

yimi

이궈왕易果網 콘텐츠 편집장이자, 야마 플래닛 데이亞米星球節를 시작한 사람이다. 전 세계의 미식을 미식가들에게 소개하는 데 힘쓰고 있다. 현재 GAP YEAR에서 자유 스쿠버다이빙 과정을 이수 중이다. yimi가 남긴 미식 관련 기록은 아래 주소로 들어가면 볼 수 있다.

샤추팡下厨房 : yimi
궁중하오公衆號 : 厨娘心事
웨이보微博 : @ 文 yimi

은 중국 음식과 비교해 기름이 적은 편이다. 중국인도 자주 접하게 되는 한국 김치는 원래는 매우 깨끗하고 개운한 맛을 지니고 있다.

그녀가 한국에서 가장 인상 깊었던 곳은 학교 구내식당이었다. 그곳에서 가장 좋아한 음식은 김치볶음밥이었다. 모두 알다시피 한국 김치는 매우 유명하다. 종류가 무척 다양할 뿐만 아니라, 푹 익히지 않은 종류도 있다. 심지어는 고춧가루에 살짝 버무려 하루 정도만 숙성시킨 것도 있다. 김치볶음밥은 정말 간단히 만들 수 있다. 그냥 다진 양파, 다진 돼지고기, 참깨, 김치만 있으면 된다. 이 간단한 재료를 볶은 후 약간의 김칫국물을 넣어주면 김치볶음밥을 먹을 때 김치의 신맛, 매운맛, 단맛 등 갖가지 맛을 한꺼번에 느낄 수 있다. 새빨간 김칫국물을 더해 살짝 맵게 만든 김치볶음밥은 그녀가 한국 생활에서 얻은 '소확행'이었다.

그녀는 학교 주변에 있는 작은 식당을 자주 찾았다. 감자탕, 김치돌솥비빔밥과 같이 한국에서 흔한 음식이 그녀의 주식이었다. 식당 주인아주머니로부터 한국식 호박죽 만드는 방법을 배우기도 했는데, 이 요리는 훗날 그녀의 샤추팡에 소개되기도 했다. 그녀가 올린 호박죽 조리법은 따라 해본 사람의 수가 4,000명을 넘을 정도로 인기였다. 한국에서 유학을 마친 지 9년이 지난 후, 그녀는 다시 한 번 경희대학교와 구내식당, 학교 근처의 작은 식당들을 찾아가 보았다. 다행히 그때

드나들던 가게들은 아직도 건재하며, 가격과 맛도 예전과 달라진 것이 없었다. 그리고 그때 그녀가 받은 느낌은, 마음속 한국의 매운맛처럼 여전히 순수함 그 자체였다.

상냥한 태국의 매운맛

yimi는 음식 만드는 것말고도 스쿠버다이빙을 매우 좋아한다. 그녀는 바닷속에서 마치 고향에 온 것과도 같은 무한한 안정감을 느낀다고 한다. 그녀는 학생 때부터 매년 방학 때마다 여러 지역을 다니며 스쿠버다이빙을 즐겼다. 그중 태국에서는 총 7~8개월가량 머물렀다. 태국에서는 스쿠버다이빙뿐만 아니라 태국 전역을 여행하는 것도 즐겼다.

치앙마이에는 해외 여행객을 대상으로 한 전문 요리 학교가 많다. yimi 역시 그와 같은 곳에서 진행하는 요리 교실에 참여했었다. 학교마다 각기 다른 음식을 가르쳐주는데, 그녀는 아주 단순한 이유로 치앙마이에 있는 요리 학교를 찾아갔다. 평소에 그녀가 배우고 싶었던 요리인 '붉게 염색한 타이거 넛츠, 코코넛밀크, 아이스크림으로 만든 요리Red Chufa and Coconut Milk with Icecream'를 가르쳐주기 때문이었다.

태국에는 그린 커리, 옐로우 커리, 레드 커리 등 다양한 커리 요리가 있다. yimi는 그중에서도 레드 커리를 제일 좋아한다. 다른 커리에 비해 매운맛이 가장 강하기 때문이다. 그녀는 치앙마이에서 배운 커리 요리를 바탕으로 역시나 자신만의 새

cooked by yimi

로운 조리법을 만들어냈다. 그녀가 개발한 레드 커리 소스에 태국의 향신료를 배합해 생선전, 새우전, 치앙마이 면 요리 등의 조리법을 만들었는데 인기가 상당했다.

yimi에게 태국의 매운맛은 '색채가 매우 다양하고 표현 방식이 상냥해 사람을 기분 좋게 만드는 맛'이었다. 마치 실외로 나가 직접 대자연과 접촉하는 기분처럼 말이다.

다채로움이 매력적인 윈난과 쓰촨의 매운맛

yimi는 대학생이었을 때 윈난과 쓰촨에서 교직 지원 일을 했다. 2008년 여름방학 때, 그녀는 윈난의 란창瀾滄현에 있는 작은 학교에서 시골학교 여교사로 일했다. 학교 안에서 학생들과 함께 먹고 지내면서 생에 처음으로 윈난 사람들의 인정을 체험할 수 있었다. 아울러 그들과 함께 생활하면서 윈난 사람들이 쌓아온 매운맛의 내공을 제대로 맛볼 기회를 얻었다. 꼬박 한 달 동안, 버섯훠궈를 빼면, 온통 매운 음식뿐이었다. 윈난 사람들은 생선도 채소도 모두 맵게 먹기 때문이었다. 교육 지원 업무를 마친 yimi는 함께 일한 사람들과 15일 일정으로 윈난 일주를 시작했다. 그리고 시솽반나西雙版納, 다리大理, 리장麗江에 모두 그들의 발자국을 남겼다. 그녀 입맛이 느낀 윈난의 매운맛은 매우 풍부했으며 더 나아가 몽환적이기까지 했다. 매운맛이 어떤 형식으로 나타날지 전혀 감을 잡을 수 없었기 때문이다.

다음해에 그녀는 쓰촨성 몐주綿竹에 있는 홍싱진拱星鎭에서 교육 지원 업무를 보았다. 그녀는 임시 거주지에서 생활하면서

아이들에게 〈정즈거政治歌〉라는 노래를 외우도록 하는 일을 맡았다. 윈난 때와 마찬가지로 아이들과 함께 먹고 자는 동안 yimi는 쓰촨의 매운맛에 깊은 인상을 받았다. 이후 몇 년 동안, 그녀는 쓰촨에서도 미식의 도시로 유명한 청두成都를 여러 차례 방문했다. 청두에서 먹은 첫 번째 음식은 훠궈였다. 처음 훠궈를 접했을 때는 국물 위에 훙유(붉은 기름장)가 가득 떠다니고, 양념장 역시 온통 기름이어서 먹고 싶은 생각이 별로 나지 않았다. 하지만 쓰촨 매운맛의 매력은 무궁무진한지라 보보지鉢鉢鷄 차가운 훠궈, 마오차이冒菜(손님이 고른 재료를 매운 국물에 끓여주는 1인용 훠궈—역자), 촨촨串串 꼬치와 같은 음식은 그녀의 창작 욕구를 불타오르게 하였다. 그리고 쓰촨의 매운맛과 카놀라유의 완벽한 조합으로부터 영감을 받은 yimi는 여행에서 돌아온 후 훙유칭위안지紅油淸遠鷄(yimi의 창작 요리로, 파기름을 이용해 만든 닭 요리와 붉은색 기름장인 훙유로 만든 닭 요리를 함께 내놓는 음식—역자)라는 요리를 만들어냈다. 쓰촨에서는 매운맛을 두려워하는 사람도 전혀 겁먹거나 걱정할 필요가 없다. 쓰촨에서는 매운 음식을 먹고 나면 빙펀氷紛(빙펀펀이라고 부르는 가루를 젤리 형태로 만든 후 과일과 설탕 등을 넣어 만든 음료—역자)이라는 후식을 먹는데, 이것을 먹고 나면 속이 편안해진다. 달짝지근한 단훙카오蛋烘糕 중국식 팬케이크를 먹어도 같은 효과를 볼 수 있다.

전 세계를 당신의 음식에 담을 수 있다

yimi는 현재 신선제품 인터넷 상거래 업체인 이궈왕에서 콘텐츠 편집장으로 일하고 있다. 다년간 미식 계통에서 일한 경력을 살려 그녀는 그와 관련된 업무에 열정적으로 임하고 있다. 최근 반년 동안 그녀는 '야미 플래닛 데이'라는 프로그램

에 심혈을 기울이고 있다. 야미 플래닛 데이에서는 전 세계 음식이 더는 낯설고 생소한 것이 아니다. 이곳은 좋은 맛, 좋은 음식 재료, 훌륭한 조리 기술을 사람들이 쉽게 접하고 누릴 수 있도록 해놓은 장이다.

상하이에서 열린 제2회 야미 플래닛 데이는 상하이의 미식 풍향계가 되었다. 십여 곳의 상하이 특급 식당과 글로벌 최고 식자재 공급업체들이 야미 플래닛 데이에 참가한 미식가들에게 전 세계 미식을 선보였다. 그리고 야미 플래닛 데이의 '스타 라이트 프라이빗 파티星光私宴'에서 이궈왕은 3D 투영 기술을 이용해 두 시간 동안 미식가들에게 실제로 전 세계 각지의 미식 현장에 온 듯한 느낌을 선사해주었다. 그리고 이로써 전 세계의 미식들이 한자리에, 그것도 동시에 재현되도록 했다.

yimi는 말한다. 미식이란 입에서 느끼는 욕구와 식욕을 만족하게 해주는 것이며, 동시에 모두에게 우리가 거주하고 있는 별에 대한 호기심을 불러일으켜 삶과 세계를 동경하게 하는 것이라고 말이다. 이궈왕은 현재 야미 플래닛 데이를 다른 도시에서도 적극적으로 개최하고 있다. '야미 플래닛' 측도 온라인 활동을 더 활발히 펼치고 있다. 기타 지역에 사는 더 많은 사이트 이용자들이 야미 플래닛에서 제공하는 미식의 매력을 느낄 수 있도록 하기 위해서다.

yimi는 삶을 사랑하는 사람이다. 여행도, 미식도 좋아하지만, 그녀가 최종적으로 사랑하려는 대상은 자기 자신이다. 이제 보니 미식은 인생에서 추구해야 할 최종 단계라기보다는 오히려 미래를 열어주는 열쇠 같은 것이었다.

yimi는 현재 격년으로 스쿠버다이빙을 즐기고 있다.

돌아갈 수 없는 곳이 고향이다 글 & 사진 | 산디제

친구 주이가 "사람은 자신의 출생지와 별개로, 어느 지역에서 더 오래 생활했다면, 그 어느 지역 사람이라고 할 수 있다"라고 말한 적이 있었다. 나는 그 말에 전적으로 동의한다. 옛 선인께서도 "오랫동안 타지에 나가 있으면 고향 걱정을 하겠지만, 타지의 생활이 길어지면 그곳이 곧 고향이 된다"라고 말씀하셨는데, 주이가 하려던 말이 바로 이 뜻이었을 것이다.

나는 쓰촨 태생이다. 하지만 고향을 떠나온 지 거의 20년이나 되다 보니 이제는 청두成都에 돌아가도 길도 제대로 못 찾고 헤매는 지경이 되었다. 대신 상하이에서 14년 동안 거주하면서 거의 절반은 상하이 사람이 다 되었다. 외계어 같은 상하이 사투리를 알아들을 수 있게 되었으며, 황푸강을 중심으로 나뉘는 푸둥浦東과 푸시浦西의 방향도 제대로 구분할 수 있게 되었다. 또한, 몇몇 상하이 출신 친구들과 어울리면서 말끝마다 '아' 소리를 붙이게 되었고, 채소로 요리할 때면 상하이 사람처럼 설탕을 한 스푼 넣어 맛을 돋우는 습관도 갖게 되었다.

그런데 변하지 않은 것이 한 가지 있다면, 여전히 매운 음식을 먹을 수 있다는 점이다. 그렇다고 내가 끼니마다 매운 음식을 챙겨 먹는다거나, 맵지 않으면 안 먹으려 한다거나, 매운 음식이 있어야 밥이 넘어간다거나 하는 것은 아니다. 나는 음식에 대해 열린 마음을 갖고 있어서 늘 새로운 맛을 찾아다니며 맛보려 하는 편이다. 하지만 가끔은 매운 음식이 당긴다. 예를 들면 업무 강도가 높아서 스트레스가 높을 때, 대단히 화가 났을 때, 나는 다른 지역이나 해외로 나가 2~3주 정도 머물면서 마음껏 그 지역 음식을 섭렵한다. 그러면 나의 위장과 마음이 매운 것을 좀 먹으라고 아우성을 치기 시작한다. 이런 나 자신을 가장 빠르고 효과적으로 안정시키는 방법은 바로 집으로 돌아오자마자 면 요리부터 한 그릇 만들어 먹는 것이다.

쓰촨의 전통 가정식 면 요리에는 장유는 물론이고, 다진 파, 그리고 훙유라쟈오紅油辣椒(기름, 건고추, 계피, 생강, 산초 등의 재료로 만든 양념—역자) 두 숟가락이 들어간다. 냉장고에 재료가 넉넉히 들어있다면, 달걀을 부치고, 채소 두어 가지를 더 곁들인다. 5분이면 면 요리 한 그릇이 뚝딱 만들어진다. 그리고 5분이면 국물까지 몽땅 들이켠 상태가 된다. 깨끗하게 비운 그릇을 식탁에 내려놓으면, 적당히 배가 부르고, 편안하고, 기분이 좋다. 그리고 온몸이 편안해지면서, 그제야 집으로

산디제山地姐

전문 파티시에이자 중식 요리사다. 호적은 쓰촨이며, 서양식 제과와 쓰촨 일상식이 특기다. 〈엘르ELLE〉〈베이타이 주방貝太廚房〉등 잡지에서 푸드스타일리스트로 활동했다. 모 미식 프로그램에서 여러 차례 방송 촬영을 했으며, 각종 주방용품 브랜드의 판촉 행사에도 초청받아 참여하고 있다. 현재 자신만의 베이커리와 요리 교실을 열어, 가정에서 만드는 케이크, 빵, 중식 제과와 쓰촨 음식을 가르치고 있다.
웨이신微信 : 山地小厨房

돌아왔다는 기분이 든다. 외국에서는 이와 같은 느낌을 주는 음식을 'Comfort Food'라고 부르는데, 일리 있는 표현이다.

훙유라쟈오는 쓰촨에서는 수유하이쟈오熟油海椒라고 부르며, 붉은 광택이 도는 기름 위로 흰깨가 둥둥 떠있는 모습을 하고 있다. 쓰촨 가정식에서는 상시 갖춰두어야 하는 영혼과도 같은 식재료다. 더군다나 마트에서 구매할 수 있는 품목도 아니어서 집집이 각자의 비법을 동원해 만든다. 못 믿겠다면 외지에 사는 쓰촨 사람을 한번 살펴보기 바란다. 주방 출입을 아예 하지 않는 사람이 아니라면, 분명 주방에는 고향에서 가지고 온 훙유라쟈오가 한 통 있을 것이다.

우리 집에도 물론 한 통 있다. 거의 다 먹은 것 같으면 서둘러 한 통 더 만들어놓는다. 나는 훙유라쟈오를 옛날 에나멜 단지에 담아놓는다. 5년 전쯤 쓰촨 출신 친구가 청두로 다시 이사한다고 해서 배웅하러 갔을 때 생긴 것이다. 그때 이 단지와 이미 반 정도 먹은 훙유라쟈오를 받아왔다. 그 훙유라쟈오는 그녀의 어머니께서 청두에서 공수한 고춧가루로 만든 것이었다. 나는 친구로부터 받은 에나멜 단지의 모양이 참으로 마음에 들었다. 어릴 때 집에 있었던 것과 똑같이 생겼기 때문이다. 이 보물이 생긴 후에는 면 요리, 쟈오셔우抄手 작은 만두, 닭냉채, 오이무침을 할 때면, 늘 이 붉은 기름장을 크게 한 숟가락 떠 넣는다. 그러면 음식 맛이 한결 좋아진다.

나는 시간이 날 때마다 친구들을 집으로 초대해 함께 식사한다. 친구들에게 음식 선택권을 넘길 때면, 모두 내가 만든 쓰촨 음식이 먹고 싶다고 했다. 그러면 나는 쓰촨에서 자주 해 먹는 후이궈러우回鍋肉 삶은 돼지고기볶음, 마포더우푸麻婆豆腐 마파두부, 수이주러우펜水煮肉片 매운 돼지고기 요리, 더우판위豆瓣魚 두반장소스생선조림, 마라샤오롱샤麻辣小龍蝦 매운 가재 요리를 만들었다. 나와 친구들 입맛에 딱 맞을 뿐 아니라 맛을 내는 데 필요한 재료도 간단한 음식들이다. 피셴 두반장 한 병만 있으면, 전부 만들 수 있다. 친구들 반응이 좋아서 한동안은 이 음식들을 가르쳐주는 요리 교실을 열기도 했다. 요리 교실은 항상 만석이었고, 음식을 배운 학생들은 매운맛에 빠져들었다.

어느 해 겨울, 갑자기 칭차이나오커쑤러우탕青菜腦殼酥肉湯(칭차이나오커라는 채소와 튀긴 돼지고기로 만든 탕—역자)이 먹고 싶어졌다. 문득 이 음식이 먹고 싶었던 나는 한밤중에 불쑥 숙모께 전화를 걸었다. 숙모께서는 자신의 설명만으로는 모자란다고 생각하셨는지 숙부까지 바꿔주시면서 비법을 전수해주셨다. 그리고 한밤중이라 손수 고기를 사다가 튀겨서 보내줄 수 없다며 안타까워하셨다. 그런데 다행히도 나는 두 분이 가르쳐주신 것을 제대로 이해했다. 그리고 이틀 후에 나 혼자서 돼지고기를 이렇게 저렇게 튀겨보고, 여기에 두반장으로 만든 양념장을 곁들여 내가 원하는 맛을 완성할 수 있었다.

그런데 먹고 싶은 음식이라고 해서 모두 만들 수 있는 것은 아니다. 언젠가는 어릴 때 어머니께서 여름에 자주 만들어주시던 음식이 갑자기 너무나도 먹고 싶어졌다. 아마도 판체차오훙라쟈오番茄炒紅辣椒 토마토고추볶음였던 것 같다. 작은 그릇에 담긴 붉은 음식에서 신선하고 향긋한 매운맛이 났다. 매운 냄새가 훅 치고 올라왔지만, 그래도 한 숟가락 떠먹고 싶다는 생각이 들었다. 고추를 사다가 두세 번 볶아보았지만 어떻게 해도 기억 속의 맛을 재현해내지 못해 결국에는 포기했다. 그리고 일찌감치 배워두지 않은 걸 뼈저리게 후회했다. 아무리 내가 지금 몇 백 개의 전화번호를 저장해두고 있다 한들, 이 안에서 어머니의 전화번호만큼은 찾을 수 없기 때문이다.

어떤 이들은 돌아갈 수 없는 게 고향이라고 말한다. 그리고 고향의 음식은 마음으로 통한다고 말한다. 그렇다면 마음을 편안하게 해주는 곳이 곧 나의 고향이 아닐까.

매운맛의 기쁨 글 & 사진 | 다차이

사람들은 내가 쓰촨 사람인 걸 알 때마다 확신에 찬 어조로 이렇게 말한다.
"그러면 매운 음식을 정말 잘 먹겠군요!"

사실 나는 매운 음식을 잘 먹지 못한다. 세상에는 매운 음식이 많이 있는데 나에게는 그것들이 힘겹다. 하지만 나는 고추에 대해서만은 특별한 감정을 지니고 있다. 고추를 향한 나의 마음은 모두 성장 과정에서 왔다. 고추가 나에게 많은 기억과 추억을 남겨주었기 때문이다. 그렇다 보니 지금의 나는 고추와는 떼려야 뗄 수 없을 정도로 밀접히 연관된 삶을 살고 있다.

봄이 찾아온 어느 날, 고향 시장에서 마주친 얼징탸오二荊條(보통은 붉은 센쟈오를 뜻하지만 풋고추, 붉은 고추를 모두 이르기도 한다)가 아직도 생각난다. 쓰촨 분지 특유의 경쾌함과 기백을 모두 지니고 있었고, 새파랗고 반들반들하게 광택이 돌아 밭에서 갓 따온 신선한 고추 향이 절로 나는 것만 같았다. 어머니는 이 신선한 얼징탸오로 여러 가지 맛난 음식을 만들었다. 고추를 숯불 가장자리에 올려 겉면만 살짝 그슬린 다음 잘게 잘라, 송화단과 약간의 재료들을 섞어 냉채를 만들기도 했다. 그러면 신선한 맛이 유난히 선명한 음식이 완성되었다. 불에 그슬린 고추 향과 진한 맛의 송화단을 함께 섞어놓아, 먹고 또 먹어도 맛있었다. 어머니는 또 얼징탸오를 잘게 다져 신선한 옥수수 알갱이와 함께 볶기도 했다. 고추와 옥수수의 겉면이 살짝 탄 듯할 때까지 볶았는데, 그야말로 최고의 밥반찬이었다. 매운맛이 도는 고추와 달짝지근한 옥수수 알갱이가 지닌 자연의 신선하고 깔끔한 맛, 그리고 사람이 불로 만든 인공적인 맛이 어우러져 맛의 이중창을 이루었다. 이 밖에도 어머니는 고추로 후피칭쟈오虎皮靑椒 기름에 구운 풋고추조림도 만들었다. 이 요리에 들어간 얼징탸오는 매웠지만, 그래도 펄쩍 뛰게 맵기보다는 상쾌하면서도 은은한 느낌이 있었다. 매운맛일지라도 측은지심을 품고 있어 소박함과 순수함마저 느껴졌다. 그리고 맛이 꽤 자극적이지만, 일단 매운 기가 사라지면 입안 가득 향만 남겼다. 그래서 내게 후피칭쟈오에 든 얼징탸오는 매운맛에 숨겨져 있던 무한한 상냥함을 음미하도록 해주는 향신채였다.

다차이大菜

본명은 허이何易이며, 화가이고 전시 기획자이며, 동시에 유명한 미식 블로거다. 미식 분야에서 워낙에 활발히 활동하고 있어, 본명보다 '다차이'라는 필명으로 더 잘 알려져 있다.

본격적으로 여름에 접어들면 얼징탸오는 점점 붉게 변한다. 풋고추의 상쾌한 맛도 점차 중후한 맛으로 변한다. 고추가 익으면 어머니는 신선한 고추를 골라 씻은 후 잘게 다져 두반장을 만들었다. 새빨간 고추가 기름과 소금을 거쳐 다시 밀봉 및 보관 과정을 거치고 나면, 더욱 진한 맛의 장으로 변모한다. 이렇게 만든 두반장을 볶음 요리나 양념장에 사용하면, 고추의 풍미는 더하되 매운맛은 많이 줄일 수 있어 좋다. 새빨갛게 익은 얼징탸오를 깨끗이 씻어 물기를 말린 후 파오차이泡菜 발효 염장 채소를 만들 때 쓰는 단지에 넣어 염장하면, 파오쟈오泡椒 고추지가 완성된다. 이 시고 매운맛을 지닌 파오쟈오는 생선 요리를 만들 때 빠지지 않고 들어가는 양념이다. 그리고 쓰촨 사람들에게는 식탁을 훨씬 더 풍성하고 다채롭게 만들어주는 식재료다.

쓰촨에는 청두 평원의 특산품인 얼징탸오말고도 쯔단터우子彈頭 총알 고추,
치싱쟈오七星椒 칠성초, 샤오미라小米辣 쥐똥 고추 등 여러 종류의 고추 품종이
있다. 차오톈쟈오朝天椒 하늘 고추의 맵기는 얼징탸오보다 강하다. 하지만
향미는 얼징탸오보다 못하다. 치싱쟈오는 이 둘보다 훨씬 더 매운 고추
다. 굳이 따지자면 샤오미라가 이들 고추 가운데서는 가장 맵다. 이처럼
다양한 고추 덕분에 쓰촨 사람들의 식탁은 풍요롭고 다채로울 수 있었
다. 그리고 이러한 고추들로 만든 고추지, 건고추, 츠바라쟈오糍粑辣椒('츠
바'는 인절미를 뜻하며, '츠바라쟈오'는 건고추를 물에 불려 빻아 기름에 볶아 만든 고추기
름으로 고추 건더기가 인절미처럼 많이 뭉쳐져 있다—역자), 두반장 등은 쓰촨 음식
이 훨씬 맛깔스럽고 화려한 자태를 지닐 수 있도록 해주었다.

고추는 외국에서 중국으로 전래한 향신채다. 일설에는 외국인들이 중
국에 고추를 처음 전해주었을 때는 좋지 않은 의도가 숨어있었다고 한
다. 하지만 그들의 예상과 달리 중국인들은 고추 맛을 보고는 바로 그

맛에 빠져버렸다. 덕분에 고추는 중국에서 뿌리를 내리고 가지를 뻗으며 성장할 수 있었다. 혀의 감각기관인 맛봉오리는 고추가 뿜어내는 '열'을 감지할 수 있다. 이때 열로 나타나는 온도와 매운맛의 정도는 정비례 관계에 있다. 즉 매울수록 더 많은 열을 발생시키며, 우리의 맛봉오리를 더 강하게 자극한다. 그리고 매운맛으로 인한 작열감이 일정 정도를 넘어서면 우리는 이것을 통증으로 받아들인다.

사람이 매운맛을 좋아하는 이유는 절대로 자기 학대를 통해 쾌감을 얻으려 하기 때문이 아니다. 인간의 몸은 일단 자극을 받으면, 어떤 물질들을 분비하면서 자기 보호에 나선다. 신경을 마비시키는 게 그 일환이다. 이와 같은 '자가 마비'는 어느 정도는 살짝 술에 취한 느낌과도 비슷하다. 이는 잠에서 반 정도 깬 상태와 같으며, 가벼운 흥분 상태다.

고추는 캡사이신이라는 물질을 함유하고 있다. 이 물질은 중추신경계통에 작용해 흥분을 유도한다. 기본적으로는 독극물과 비슷한 역할을 하는 것이다. 즉 캡사이신은 중독을 일으키기도 한다. 그 결과 인간은 고추를 접할수록 그에 대한 저항 능력이 높아질 수밖에 없다. 다시 말해 고추를 좋아하는 사람은 점점 더 매운 고추를 찾게 되고, 그를 통해 더 강하게 고추에 빠져드는 것이다.

이는 고추가 왜 전국적으로 퍼져나가 남녀노소를 불문하고 즐겨 먹는 음식 재료가 되었는지 잘 설명해주고 있다. 사실 한번 맛들이면 절대 끊을 수 없는 것들은 모두 고추와 비슷한 성질을 지니고 있다. 예를 들어 술과 애정도 모두 독극물과 같은 매력을 지니고 있다.

과학적인 관점에서 보면, 고추, 술, 사랑은 모두 처음 맛보았을 때 '열감'을 느끼도록 한다. 그리고 이 열을 내도록 하는 일부 물질은 사람을 흥분시켜 인체에서 몇몇 복잡한 성분의 화학물질이 분비하도록 만든다. 간략히 말해, 인류가 중독물질에 빠져드는 이유는 모두 이와 같은 화학물질의 작용 때문이다.

이렇게 설명하고 나니 무언가 이상하다. 꿈처럼 몽롱한 사랑이 결국에는 고작 '내분비계의 불균형' 때문이라니! 그리고 누군가를 사랑하고 말고가 전부 호르몬 하나로 설명이 가능하다니! 이럴 수가! 그런데 사실이다. 롤랑 바르트도 '연인이 사랑하게 된 것은 사랑이라는 감정이지 절대 상대방이 아니다'라고 하지 않았던가!

중독되는 매운맛 90

1판 1쇄 인쇄 | 2019년 1월 10일
1판 1쇄 발행 | 2019년 1월 18일

편집 | 런원리   **옮김** | 이영주

펴낸곳 | 그린라이프
펴낸이 | 윤상열
기획 및 편집 | 윤인숙 김다혜
편집 | 김화
표지 · 본문 디자인 | 김민정
마케팅 | 이서윤
경영관리 | 김미홍
출판등록 | 2018년 5월 23일(제2018-000149호)
주소 | 서울시 마포구 방울내로 11길 23, 302호(망원동 두영빌딩)
전화 | 02-323-8030~1
팩스 | 02-323-8797
이메일 | gbook01@naver.com
블로그 | http://GREENBOOK.kr

ISBN | 979-11-964333-1-4 13590

* 파손된 책은 구입하신 곳에서 교환해 드립니다.

* 이 도서의 국립중앙도서관 출판예정도서목록(CIP)은 서지정보유통지원시스템 홈페이지(http://seoul.nl.go.kr)와
  국가자료공동목록시스템(http://www.nl.go.kr/kolisnet)에서 이용하실 수 있습니다.
  (CIP제어번호: CIP2018042032)

* 그린라이프는 도서출판 그린북의 생활 실용도서 브랜드입니다.